❶长安街上两辆大巴的“对话”

❷经济学的旅行（文秋绘）

❸伦敦塔桥，位于英国伦敦，横跨泰晤士河

2018. 8.

经济学的旅行

普 天 著

中国计划出版社

图书在版编目（CIP）数据

经济学的旅行 / 普天著. -- 北京 : 中国计划出版社，2018.10（2018.12重印）
ISBN 978-7-5182-0931-6

Ⅰ. ①经… Ⅱ. ①普… Ⅲ. ①经济学－通俗读物 Ⅳ. ①F0-49

中国版本图书馆CIP数据核字(2018)第231302号

经济学的旅行
普天 著

中国计划出版社出版
网址：www.jhpress.com
地址：北京市西城区木樨地北里甲 11 号国宏大厦 C 座 3 层
邮政编码：100038 电话：(010) 63906433（发行部）
新华书店经销
北京汇瑞嘉合文化发展有限公司印刷

787mm×1092mm 1/16 23.75 印张 273 千字
2018 年 10 月第 1 版 2018 年 12 月第 2 次印刷

ISBN 978-7-5182-0931-6
定价：59.80 元

经济学需要两把金刚钻

——《经济学的旅行》序

《经济学的旅行》作者普天邀我为他的新著作序，使我有幸先睹为快。翻开书稿，立刻有一种爱不释手，希望一口气读完的感觉。作者所从事的工作，使他有机会奔忙列国，可以从多个角度观察到各国经济社会的细微之处。细微之处见真切，即使是触景生情所产生的灵感和联想，即使不过是瞬间感悟随想，也可能具有穿透事物本质的意义。难能可贵的是，作者能在繁忙的公务之余，抽空闲间隙，写下精彩文字。不拘形式，可长可短，都留下珍贵的记录和感想。

在社会科学的所有学科中，经济学是最具抽象性特征的，以至可以抽象到完全用数学来表达其精确意义，形式化到甚至被称为“第二数学”。而《经济学的旅行》是作者点点滴滴积累下的短文汇编，内容非常具象，而且充满情感，全书的结构也不求逻辑严密，那与经济学何干？但仔细读来，静心品味，作者在细微观察中所产生的理解和表达，直指现实经济中备受关切的各种问题；有些似乎有点琐碎，或者只是作者具体工作中所接触到的一些社会性话题；有的似乎离经济有点远，应属文化或公共政策领域问题（作者曾经在这一领域中工作多年），但从经济学者的视角，以经济合理即效率原则为基准进行辨析，则是大多数篇章内容的共同特色。所以，定书名为《经济学的旅行》还是比较贴切的。

既然是“旅行”，那就一定是求新、求异、求奇，所产生的感悟也一定会与众不同（一千个人眼里有一千个哈姆雷特），智者的体味见解往往更加敏锐独特。读《经济学的旅行》，如同随作者到世界各地旅行，琳琅满目的珍奇或者他乡偶遇，娓娓道来，没有丝毫书本刻板，只是启发你思绪纷飞，遐想连篇，从古至今，无拘无束。当然，体味全书，作者有强烈的中华情感，所有的议论，即使是一些负面批评，也完全是站在文化自信的立场之上，对自己的国家和文化充满乐观态度。

也许是因为跟作者有师生之缘，阅读此书有一种心心相印之同感，而且，作者所思所叙跟我最近正在进行的学术倡导和推动努力具有相同的志趣。我长期思考的一个问题是：现代经济学（及管理学）以科学理性（尤其是演绎逻辑）为特征和优长，但现实世界纷繁复杂，同经济学所刻画的世界相差甚远。科学理性当然是经济学的一条主线，一把游刃有余的“金刚钻”，但只此一条主线，一把“金刚钻”就可以揽下实现经济发展的各种艰难“瓷器活”，解释和应对现实世界中的种种复杂现象和问题吗？经济学认为（或假定）人的行为方式（至少在根本取向上）是同样的，企业也是本质相同的，以追求利润最大化为目标，所以，经济学（管理学）的大多数主辅学科，都是以科学理性为底层逻辑基础的。总之，科学理性是经济学（管理学）的逻辑基石。既然如此，那么为什么学好了经济学（管理学）却未必能办好企业？为什么同样具有经济学（管理学）知识的企业家，却会办成各种不同的企业？成功与否更是大相径庭？各地区和各国家的经济发展也是如此：理论上说，工业化和现代经济发展都以科学理性为主导，人们相信，“相应的经济政策只要得到有效的实施，就会产生同样的效果”，那么为什么各国的表现差异如此巨大，全世界几乎没有两个经济发展表现相同的地区和国家?

可见，经济行为和现象在科学理性之外，定有其他重要的决定性因素，这些因素林林总总，难以归类，通常以“文化”概念所大致涵盖。而在经济学的主体结构中却是将文化因素“抽象”掉的，似乎这才能确保科学理性的独尊和统领。20世纪50年代和90年代，国际学术界曾经对经济发展与文化（价值观）的关系有过研究热情。但经济学界总体反映不很强烈，“多数经济学者不愿意跟文化打交道，其重要原因在于文化涉及定义问题，难以定量，而且作用于非常复杂的心理、体制、政治、地理等因素的背景之下”。不过，人类发展的历史事实是，经济活动自古有之，而直到近300年来，科学理性才逐渐成为其主导因素。各国、各民族、各地区的“传统文化”因素，具有长久的深刻影响力，特别是到工业化后期以至后工业化时代，文化因素超过资源和技术因素，发挥更深刻持久的影响力。所以，各国各地区必有非常不同的经济发展表现，正如本书作者在各国所真切感受到的那样，仅仅用科学理性的抽象逻辑方法是难以解释生活中的真实状况的。

中国正在进入工业化中后期，文化因素的深刻影响将日益显著。所以，经济学和管理学即广义的“商学”，非常有必要致力于对商域文化和商业思想的研究，开拓一个新的学术领域。中国传统商业文化以及各地区不尽相同的传统文化，在工业化初期和中期让位于以科学理性主导的商学思维，是否接受科学理性成为文化落后与先进的标尺。但传统文化对商业活动（理念、行为、制度等）的影响从未消失，而随着工业化的深度推进其影响将日趋增强。可以说，任何国家，包括西方国家，在接受科学理性的经济学（管理学）思维的过程中，文化传统仍然如同“基因”般深植于不同人群的观念及行为方式之中。

人类发展永远不能摆脱文化基因的影响。当然文化基因并非一成不变，而总是处于遗传、继承和变异进化之中。当前，经济学和管理学界应特别重视这一重大和极具价值的问题的研究。《经济学的旅行》是一个有意义的尝试，让经济学深入到观察细微的文化现象之中，具象事实中蕴涵着抽象理性。从科学理性和人文研究两方面着力，经济学（管理学）的解释力和实用价值都可以得到显著增强。简言之，经济学除了科学理性这把“金刚钻”，还需要一把文化思想的“金刚钻”。

从《经济学的旅行》中可以看出当代中国青年一代的开放和进取，感谢作者为广大读者奉献了一部很具可读性的著作，并且可以启发对广义的商业领域有兴趣的经济学者，特别是做出了商业成就和有实际感受的企业家们，投身于这一领域的研究和交流。

金 碚

中国社会科学院学部委员

中国区域经济学会会长

郑州大学商学院院长

2018年6月9日

目录／

一　城市风铃　1

大巴开往英伦 /3
苏黎世之旅 /5
剪羊毛与共享羊毛 /8
靠山吃山 /11
萨拉热窝不说话 /14
铁锈玫瑰保加利亚 /17
1 加 16 等于大龙 /20
奢华阿布扎比 /23
耶路撒冷风铃 /25
冷雨巴勒斯坦 /27
暖陶色塞浦路斯 /29
委屈的玛雅神祇 /31
倔强新加坡 /32
琉璃巴黎 /36
多元布鲁塞尔 /38

隽永圣地亚哥 /40
发现印加文字 /43
巴西睡大觉 /47
香农河畔的细雨 /49
冰雪达沃斯 /51
艳丽曼谷 /53
哈萨克晚霞 /55
内比都大金塔 /57
闪亮罗马 /59
莫斯科秋意 /60
柏林墙很累 /61
雅典橄榄 /62
安哥拉海风 /64
单纯埃塞俄比亚 /65
非洲骊歌 /67
非洲脉动 /69
再见非洲 /71
虔诚乌兹别克斯坦 /72
财富在哪里？ /74
布加勒斯特旋律 /76
越南印象（一） /78
越南印象（二） /81
文莱同心圆 /84

北京，北京 /86
台湾往事 /100

二　电影盒子 /113

平安夜与摆渡人 /115
归来 /118
八月 /120
道士下山 /122
甜蜜蜜 /125
青春合伙人 /126
一代宗师 /127
第 13 届北京大学生电影节寄语 /129
怀念《外来妹》 /132
——电视连续剧《外来妹》读解

三　文艺大炮 /143

大黄鸭的遗憾 /145
狮子 /148
达摩 /150

绝代双骄 /151

好舞蹈 /153

志摩传奇 /155

旋律 /156

十方光明 /157

——侯立远先生画展序言

感动今世　追随永恒 /159

——纪念张纯如与她笔下的《南京大屠杀》

四　那时那日 /171

公共汽车好 /173

再来一瓶 /174

老炮 /175

时间都去哪儿了 /176

孙悟空 /178

百年有园 /180

——献给北京师范大学实验幼儿园百年

养草 /182

手机 /184

老板 /187

绿豆饼 /189

猪八戒 /190

长江图 /192

奥林匹克精神 /194

奥林匹克品牌及其跨文化传播 /206

五　经济学驾到 /225

逆全球化 /227

金融监管 /230

储蓄 /231

股票风云（一） /232

股票风云（二） /234

股票风云（三） /235

石油 /238

总统之谜（一） /240

总统之谜（二） /242

总统之谜（三） /244

台湾志 /246

失联 /249

老实 /253

拉斯维加斯（一） /254

拉斯维加斯（二） /257

草蜢 /259

广州印象 /260

创业 /262

引力波 /264

珠海宣言 /267

新年快乐 /269

老歌 /270

大火以后 /272

雨 /275

沉船 /277

任性 /279

单双号 /281

噪声 /283

高铁 /284

大剧院 /285

皇城根 /289

三座大山 /291

MH370（一） /293

MH370（二） /295

MH370（三） /298

包袱 /300

国民素养与大国崛起 /302

向南发展“信息高铁” /311

伦敦金融笔记 /318

六　诗和远方 /329

童年 /331
——帮靳暖小朋友写的歌词
鄂尔多斯赋 /333
悼骆远骋 /336
悼何鑫 /337
青云引·治霾 /338
伦敦冬日 /340
霓虹 /341
——杨绛先生逝世
青玉案 /342
——有感军机飞临海峡
念奴娇·拜年 /344
春之笛 /346
春之湖 /347
关心 /348
夏夜 /349
西江月·游厦门大学 /351
我不上当 /352

念君 /353

听荷 /354

丰碑 /355

——献给人民英雄纪念碑

在全世界为你唱歌 /357

——献给中国共产党诞生

※

一

※

城市风铃

大巴开往英伦

半轮圆月在一旁跟随，从伦敦到曼彻斯特一路无话，大家静静地坐在大巴车里，黑夜降临，仿佛行在茫无际涯的宇宙之中。在英国时间越长越能体会到，无论是一个国家还是一座城市，既要对有形世界进行资源配置和组织运筹，也要重视对于历史传统、人文观念等无形资产的经营和运用。

建大厦易，开心窗难，英伦三岛的成功，本质上源于在历史上首次突破了对传统手工世界的认知，创造了以机器为核心的新的资源配置方法和与之配套的人文价值体系。蒸汽机车激发了手表业以及全球时区体系，珍妮纺纱机和来福膛线打败了陆上丝路和东方帝国，来自英国的诸多思想观念、制度方法、标准体系和解决方案至今深刻影响全球。这段时间英国各界已经接受脱欧现实，正在步入实质“脱欧”，不同阶层的人士对此评价各异，对未来预期尚未形成共识，显示英国乃至欧洲正在轻度“混乱”乃至于走向短期“迷失”。新的平衡局面正在形成中，无论能否与欧盟达成贸易协议，英国经济都将因“脱欧”受损，但我相信英国人肯定能选对自己的路，正如伦敦塔桥这座古老的英国桥，曾经是伦敦的象征，然而当船只渐高对桥的跨度构成挑战时，英国人没有过河拆桥，而是将桥一裁两段，船来开闸，船去桥通，因需而变。既延续了传统，又便利了需求；既不改人文气质，又增添了技术元素，对国民是一种无声的教育。这不能不令人想到，中国长江黄金水道近年来也是巨轮穿梭，南京长江大桥以及一系列带有时代文化记忆的建筑符号，将怎样迎接和融入新的时代？这既考验着我们的工程技术水平，也对我们传承和运用无形资产的智慧构成了挑战。

（2017 年 11 月 2 日）

苏黎世之旅

雪花轻轻洒落，激起无数光线，汇成钻石火彩，寂静里绽放曼妙和欢喜；夜晚又与月光交织成画，清寒之中几许温情脉脉。半夜从达沃斯乘小火车穿山越岭来到苏黎世，小说《魔山》的开头早就帮我描写了这一幕，遥想许多许多欧洲绅士都曾经一次次重复这样疲乏而兴奋的旅程，只为了到大山深处潜心问道、触发灵感，获得新思维新友谊。年复一年，智者的故事与白雪白云、青山清溪、滴滴答答的机械报时、谷中清冽的牛铃声缠绕呼应，宛如八音盒的和弦，凝成一部关于山之子的传奇。

在爱因斯坦的眼里，山也许就是一个大的欧米茄符号（Ω）在天地的方程式里化作稳定的参照系，雪花无声运动，其轨迹与进程谁又能穷尽掌控？但偏偏就有人顽强地打开上帝的书房，像普罗米修斯一样手持智慧的火种，点亮时空的根本奥义。听说广义相对论最近已经被实验证实了，所以应当感谢苏黎世这片土地，孕育了智者一次次满怀浩气的出发。

从达沃斯到苏黎世有从村里进城的感觉，街区整洁风景有致，到处是标致308和斯沃琪（Swatch）手表的广告，但瑞士政府在今年达沃斯论坛前夕较大幅度提高了瑞士法郎汇率，以致斯沃琪店里的中国导购说这几天游客到大牌名表店大多只是have a look，因价格相当于比此前涨了两成，实际上是不让中国人消费的前奏。大家只好买买巧克力和斯沃琪，便宜，人民币800元一块。我没买，真觉得其设计如同一块块没完工的草稿，成于丰富失之简洁，把方案没提炼透彻就匆匆拿来甩卖。

手表设计的秘密在于为人和时间的对话提供隽永宁静的界面，使人不受干扰直通当下时间，而不是在斯沃琪的表盘上每每浪费1到2秒寻找指针。人叫货千声不语，货叫人点首即来，表与表之间无声地体现了设计师的水准，看得见设计师的身价，只有大牌名表设计师才能在方寸之间克制地呈现个性与永恒，演绎时间的庄严和生活的精致。

黄昏徐徐吞没着灰色的城市，白色沙鸥徘徊在苏黎世湖畔，灯火初上时来到苏黎世大学，遥想爱因斯坦曾在这里读书，楼宇间依稀存有那份智性的孤高和知性的浪漫。没有围墙，径直大方地走了进去。门是感应的，自动打开，没有任何门卫，学生们在自习大厅阅读、打字、谈天、说笑，无拘无束，无人注意到有陌生访客的存在。巴洛克风格的浮雕衬托了这里的质朴、沉静、开放、自由，仿佛可以接纳包容一切。大学历来是推动时代进步的重要引擎，墙外的人们求学应考无不经历一番山重水复，而从校门走出、“道士下山”到达“红尘”又不免涉过一番水复山重，这次无意间在苏黎世大学里分明体验到了大学精神，大学的目的不是权力和财富，而是人与世界的至善至美，它不是培养工程师的工厂，而是对永恒价值有所传承，对时代使命有所担当的精神殿堂。

蓦然发现在斯沃琪手表广告里面的最新款手表盘面，据说是在瑞士才有销售的版本，原来是借鉴苏黎世大学自习大厅里面一个挂钟的色系，后悔当时没买几块。无论多么平凡的设计，只要接通智者的传奇，都变得那样神奇而令人仰慕。苏黎世大学坐落在一块高地之上，低调地位于市中心，但司机也陌生得用导航才能找到，大门口伫立着花岗岩质地的雕像，线条已经风化，将校园衬托得厚重而温和。这里找不到爱因斯坦的画像，也没有卖冰箱贴、T恤衫、明信片的小店，只有告示板附近叠放很多关于讲座的彩页，都是德文。校园地势很高，散步时可以俯瞰繁忙的城市，附近有一座教堂，钟声厚重而轻灵，空气里隐藏着理性与亲和，仿佛看见多年以前，大科学家在这里煮一杯咖啡，和无垠的宇宙对话。

（2015年1月21日）

剪羊毛与共享羊毛

伦敦的共享单车，前30分钟是免费的，停在专门的位置，灰黑色加红色，与伦敦城市色调融为一体。相比之下，北京的共享单车虽然五颜六色，但从外观能够看出其材质、制造成本距伦敦单车要低。互联网烧钱看似风光，一度也看似群众得实惠，但实质是靠烧钱打掉竞争对手构成变相垄断。一旦竞争对手退场，涨价就会到来，买的不如卖的精。以共享单车为例，如果不能允许用户在一定时间内免费骑行或是赠电子免费券，如果每次骑行收费1块钱，其实质属于伪共享，只不过是互联网租赁而已。假如每年骑200次，需支出200元，而一辆崭新自行车价格在160元左右。古人说：昨日入城市，归来泪满襟，遍身罗绮者，不是养蚕人。现在流行一种盈利模式，就是羊毛出在猪身上，固然聪明，但其隐藏的事实是只有猪在风口受益，羊毛仍然没有逃过被剪。愿北京所谓的共享单车们也能向伦敦学习。

剪羊毛被说成是共享羊毛，有利于羊们能无忧无虑在快乐的氛围中生长。

在伪共享单车之外，时代呼唤真正意义上共享汽车时代的到来。

都知道汽车是方形的，为什么不是圆形，或是类似UFO那样的圆碟形？因为圆形不易制造且浪费面积徒增阻力。但是汽车轮子是圆形，汽车发明以来，人们习惯了追逐和满足于漂亮的流线方形、凶悍的发动机，遗忘了“移动”才是汽车最大的使命。汽车的要义不在于发动机和车型，而在于圆形的轮子可移动。然而，每时每刻，世界上有无数的汽车未动，仅仅处在停靠状态。从这个意义上来说，世界上最大的浪费在于汽车的停与滞。

伦敦街头的共享单车

汽车停滞包括拥堵中和停靠中两种状态。拥堵中以后再说，只是从停靠状态可以看出，汽车应是共享经济最应当覆盖的领域。首先，私有制导致汽车不能被充分利用。就在这一分钟，数不清的汽车在行驶，另有数不清的方盒子在世界各地趴着，有的是在拥堵中，有的是在等待他的主人，包括开车人和购车人。有时一等就是一小时、一夜乃至上月成年。如果能把这段碎片化时间加以利用，既使汽车有用武之地，也有利于车主体验各色汽车带来生活的新鲜与多元。其次，落后的技术水平制约着汽车利用最大化。过去没有发达的低成本的数字信息读取支付系统与相应的信用体系，没有GPS技术可供精确定位和远程管理。而现在基于物联网技术、北斗平台和海量用户及其多元化需求，我国完全能够孵化发展出新型共享汽车商业模式，让汽车可以从丹东开出，越过欧亚大陆，带上一路风情与欢笑，停放于布拉格广场。

“汽车+互联网+物联网+数字支付+信用评价体系”的商业模式在幅员辽阔且发展不平衡的中国有望充分孕育发展。不一定通过首脑峰会和政府谈判，消费者的出行和旅游需求将自然而然地通过市场之手将汽车共享链条覆盖全球。经过恰当的商业设计，以股权合作的方式将私家车变成共有产权；或是推出共享平台，便利不同车主的交换使用，则开启了一个以汽车引导生活的广袤的服务进程，有多少种汽车，就有多少个移动的故事。随之，每个有驾照者都可以随意开走身边任何一辆汽车并在到达目的地之后停靠在法定允许停放的位置。今天，大数据、人脸识别、物联网、钛赫兹、区块链信用体系、数字货币、移动支付……已经足以支撑汽车共享，这将带动新经济、智慧城市、智慧化生活方式的到来。汽车将大幅降低闲置率，更为高效的资源配置和更为便利的生活即将到来。同样的，共享汽车时代的同时，也期待共享民宿时代的到来。

像泰晤士河水一样，趋势就是这样透明地在我们身边流淌，只有实践者才会随之弄潮随之前往理想的彼岸。时代如同河流一样就是这样轰然又舒缓地改变着我们。随这段文字送上泰晤士河畔的祝福。

（2017年10月24日）

靠山吃山

古人说，山水有情，看来所言不虚。到我国目前最北的地方漠河县北极村，行到边境的分界线隔岸望去，其实已经看出俄罗斯油画的痕迹，斜阳夕照，静穆苍绿，仿佛是列维坦对金秋的礼赞。然而此地回望中国方向三四百米，就是另外一番风光，明清样式的牌坊、大红灯笼高挂的村落人家，巷陌深深，墟上晴烟，远山旖旎，一幅中规中矩的中国水墨。中国人讲究叶落归根、故土难离，一草一木都与身心息息相关，一枝一叶都能成为能救人于水火的药材。在北京密云区的山里看到向阳而生的熟地黄，不忌出处，暖洋洋地绽放出从浅紫色到赤红色的渐变神韵，其婉约与坚韧令人联想到明媚的阳光、静谧的微笑以及必胜的信心。熟地黄，也是电视连续剧《麻雀》中地下党员徐碧成（周冬雨饰）的代号，猜想曾经真的存在这个代号和对应着的顽强屹立的时代英魂。

到山西黎城看到太行巍峨，则又是另一番豪壮景象。绝壁上斑驳的纹路宛如天书密码，记载着亿万年的自然春秋，几瓣山花、一湾溪流，吉光片羽之中，静静感受宇宙的秩序和繁华。到太行山深处的八路军兵工厂旧址参观，那时山乡贫弱，山路崎岖，但山里人自有一股太行浩气，靠骡子运来的机床靠手摇发电机进行兵器生产，给养四面八方的抗日武装。当年明月在，曾照彩云归，山阴路上没有通灵的白猿，只有清凉的细雨，记载着来给孩子们抢地盘的“顽强”的日本岛民，是怎样一步一步黯然离去；记载着与世无争的淳朴善良的三晋儿女是怎样挺身而出斗智斗勇。这里过去曾是国运所系，今天贵为国魂所在，历史文化元素富集，有大量红色军史遗存和世界级自然景观，珍贵庄严，类似于台北博物院红烧肉的石头在山间俯拾皆是。随着国家经济社会的跨越发展，京津冀超级都市圈的拓展和山西资源型产业体系整体转型升级，属于太行人文经济带的大时代必将到来。同样的，改革开放以来波澜壮阔的江海时代将转换升级为更为大气磅礴的山川时代，我们将从眼光向海寻求出路转为回望大地山川、思接千载乃至于眼光向内、反求诸己，对撞和激荡出富有中国风骨、中国气派的全球化之路。

漫步于古铜色的山麓湾湾，令人意识到，几十年改革开放进程用几个通俗的文字就能概括，那就是：靠山吃山、靠水吃水。现在水我们已经吃得很习惯很流畅了，且已经从靠海吃海步入靠江吃江，意即从向海那边要市场要技术要资源（大宗商品）到立足本土径流，面向包括域外的广袤地区布局产业链、供应链、价值链，沿“一带一路”培育和拓展市场圈层，由向海的外向型模式朝着沿江（长江经济带）内生放射型发展模式过渡。

经历了孔雀东南飞的沿海高增长，一个靠山吃山的时代终将到来，意味着在国内消费升级和房屋刚需进一步满足的进程之中，将产生一个靠山吃山的新周期，其要义是在一定的交通半径（例如120公里）基础上向本区域内生型服务业、农业及文化旅游资源要效益，以富有区域文化地理特质的自然山水为节点建构和打通文化旅游与生态产业链系统。

发展禀赋充分的地区依托先进的交通基础设施和智慧城市系统可望打造世界级文化旅游目的地，较为原始的地区则可通过“互联网+脱贫攻坚”机制打开大门，面向邻近地区展开辐射。靠山吃山及其山头经济正如星星之火可以燎原，农村、城镇、城市将从生态文明高度重新展开以高端服务业为中心的新型经济发展圈层，传统意义的房地产业、餐饮旅游业等都将迎来AIR（人工智能+物联网+机器人）为核心驱动质素的二次创业的新机缘。基于3小时高铁圈、2小时汽车圈、2小时飞行圈，每周五下班时间的到来都意味着自动启动一个完整的两天旅行计划，人民币将更多地在国内循环流转，中国公民的旅游目的地和生活方式将更为有序而缤纷多彩。

（2017年5月4日）

萨拉热窝不说话

雨后的萨拉热窝，空濛冷寂，坐落在丘陵间的城市，道路之上错落聚集着成排的房屋，行人稀疏，树木苍绿，天低云深，露重雾浓。同是山中之城，零落甚于雅典，沉郁深过布达佩斯，悲怆直逼耶路撒冷，尤为特别的是氛围幽静而阴郁，空气中笼罩着一种莫名的沉重和紧张感。

萨拉热窝曾几次开启过战争魔盒，最近一次是波黑战争，塞族穆族克族，一夜之间蹦出那么多愤怒的人，彼此屠杀，恶业循环，贫铀弹在城市上空爆裂，以至于自来水至今无法饮用。强人铁托麾下不屑与苏联苟合的南斯拉夫，今天分裂成塞尔维亚、波黑、黑山等数国，贵为国家而卑如乡野，则国有何用？从当年电影《瓦尔特保卫萨拉热窝》相同的景别看去，风景一如旧年，只有废弃建筑墙上的弹孔提示人们这里在电影之外又经历了数十载岁月。新生的波黑国旗图案种下了欧盟旗帜的群星元素，三角形构图恰如其分地呈现了国土轮廓，从一个侧面揭示出中东欧诸国的复杂处

雨后的萨拉热窝即景

境：难以自拔地天然陷入地缘大国的夹缝之中，如今又面临来自东方大国的战略引力，越来越难以改变碎片化的命运。在人们讨论欧盟姓德姓法姓英姓俄抑或姓美的时候，随着made in China从产品到产能体系覆盖力和辐射力的增强，中国因素也将愈加深入和明朗。

Sarajevo，也被翻译成“塞拉耶佛”，仿佛法语和意大利语的复合词，美丽而优雅的名字，却是一个沉重的音符，造物主深深地敲打琴键，开启了惊心动魄的诸神之战，留下历史里一段创痛艰涩的篇章。三角形的国旗构图，如同蛋糕的一角，揭示出不能自已的宿命感和遭受分隔的现实；又像一片叶瓣渐黄，挥之不去的落寞与清寒。但黄蓝相间的明快色调，又传递出特有的跳跃性和乐观主义。在“16+1”经贸论坛开始之前，主办方专门安排了几名年轻人身着民族盛装，展示优雅多彩的波斯尼亚黑塞哥维纳风情，钦佩这里人们的明丽与率真、勇敢与隐忍，然而也看出了执拗与冲动。电影里的“瓦尔特”1944年曾保卫萨拉热窝，却无法阻挡真实历史里所开启的战争魔盒，置无数生灵涂炭。今日之世界，又有多少瓦尔特、多少萨拉热窝？历史不会说话，而是通过一个又一个事实，把涵义赋予每一个姓名。

（2016年5月3日）

铁锈玫瑰保加利亚

黑海之滨崛起过许多繁华的城市，而今又归于平淡，年轻人一个接一个怀揣着梦想离家到西欧打工，那些曾陪伴他们童年的海鸥，日复一日守候在教堂的尖顶，听着阵阵钟声响过，随岁月化成故乡的剪影。苏联时代曾轰隆隆地来又静悄悄地去，集装箱泊位的铁吊车已经斑驳，生锈的铁轨沉淀着多少归来与离别。纵然首都索菲亚市车水马龙阳光静远，但在瓦尔纳、布尔加斯乡间，依稀能够找到旧日的痕迹：一个被

保加利亚的铁路即景

购得 20 世纪 80 年代铜质小型计算器

冷战时代深刻改变的保加利亚，建筑已物是人非，巍峨之中依然抹不去旧时代特有的狂热、森严、固执和冷漠。

保加利亚玫瑰曾经芬芳硕健，时过境迁不免锈色斑斑，然而又坚执如铁，别具一番坚毅与沧桑。面向市场化国际化浪潮，这里热情而审慎，渴求而矜持，对来自中国的“三来一补”“前港、中厂、后城”等模式表现出强烈的兴趣，但又在财政资金方面乏善可陈。在欧盟主流工商界近乎遗忘的角落，中国资本能否挥起神来之笔点石成金，其要义在于从战略层面借助物联网、物流基础设施建设和“中国制造”传统优势，打通陆上经济走廊，谋求欧亚大陆新层次的握手，从根本上消解来自东向海洋彼岸和南向岛链的战略压力。在中观层次以物流基础设施建设与合作为契机延伸我国传统产能优势，对内为中西部发展开辟新兴市场，对外以属地本土化合作的形式规避欧盟地区的商业壁垒，在提升产业国际化质素的进程中扎实培育一批具备战略视野，熟悉国际商业规则，通晓区域社会文化律动，有国际经营管理能力的现代企业家群体，以及数以亿计能在广袤欧亚大陆生存繁衍发展的国际化新华人。

近来全球经济金融动荡难安之际，从老牌工业强国到新兴市场国家，一些矿山、港口、生产线纷纷浮出水面待价而沽，固然令人心动，但并不一定就是中国资本出手的最佳时机。这几年我们的消费能力从总体上仍然是固定的，必须量入为出精打细算。如果能够保持定力，巧妙驾驭国际商务谈判的节奏，等待其第二波更为珍贵的资产抛售季到来，相信将会以更为合理的性价比获得对地缘经济的核心控制力和影响力。

在瓦尔纳市博物馆参观，惊异于在六千年前的史前时期，当地人就能打磨出近乎机械制造的石器，成串小巧纤细的金环号称是世界上最早的黄金首饰，其器形的标准化程度甚至具有了工业化的品质。当地博物馆没有恒温恒湿没有红外监控甚至也没有几个人参观，立刻脑补出谍影神偷探囊取物的画面，但最后也只是在路旁小店默默淘了一台20世纪80年代铜质的小型计算器，那是一个理想主义盛行的年代，电脑还没有出现在平常百姓家，是电风扇和台灯陪伴着勤奋的滴滴答答的指尖，默默地计算和憧憬着未来。

（2016年2月23日）

1加16等于大龙

拉脱维亚首都里加市的气温与北京一样，只是没有雾霾和人潮。道加瓦河冰冻了晴朗的波光，仿佛一块蓝宝石，遗世独立，超然物外，不接受时间和欧亚局势的搅动。不变之道在于这里已随时代的转换注入了深刻的多元化印记：第二次世界大战的时候男人们一半参加苏军、一半参加德军，战后先后融入苏联和欧盟的怀抱，如今人们既说英语也说俄语，还会讲本国的拉脱维亚语，可称左右逢源。尊重多元而又在意整体感的欧洲，与中国有很多相同点，比如：其一，碎片化版图之上历史地理的复杂纠葛和交融。其二，附近都存在“调皮、淘气”的岛屿。其三，都曾有荣光的海洋史。其四，在多样与同一之间寻求稳定与发展的微妙平衡。但中国有一个特点迥异于欧洲，就是我们有大一统的精神传统和传承不息的中华文明。

今年冬天，里加市将迎来“16+1”机制的各国贵宾，与东欧的几个城市比较，她比贝尔格莱德雍容，比布达佩斯冷艳，比布加勒斯特更有生气。

如果以这里为起点在地图上把中东欧16国的轮廓勾出来，发现很像一把钥匙的形状。由此想到，如果把“一带一路”沿线国家做个勾勒，又是什么形状？可能正是一条“带状”的龙形，这才明白中国的陆地版图充满想象力，静如雄鸡，进则化作一条巨龙。

“龙”这个意象早就道出了华人的战略视野，即陆海两栖的生存和发展能力。近年来我们一再强调的新丝绸之路，也是陆海兼顾，不止深化贸易文化往来，最根本的是孕育一系列“华人”特色的世界级产品、世界性品牌、全球产业链及其文化、生活方式和人文传承。开年以来，世界经济金融形势仍然黑云压城，身边不少朋友担忧经济前景，我仍然坚定乐观，原因是这几年在几十个国家亲眼看到了基础设施落后背后的巨大商机，纵然各种壁垒，但市场之手神奇而强大，是我们的总归是我们的，相信这份工，只有华人才能吃苦干好。

百多年前，隆隆炮声曾把我们打败，一番蜿蜒曲折之后，八国联军杀不过来了，市场仍会属于勤奋的华人。近几个月，很多别有用心的人唱衰诋毁中国经济，只是因为我们由7变成了6.9。但华人已经不那么简单的在意数字，不靠做鞋和衬衫吃饭，而是凭高铁、电讯、核电、特高压以及基础设施建设能力在全球建立新的产品坐标系。第二次世界大战战后以来，美国通过大兵和大片实际上是在卖美元，欧洲卖的则是老牌金融资本的信用感，虽然在技术和实体经济方面也是稳扎稳打，但真正老老实实造产品卖产品的还是中国。几十年来，选择made in China只是消费其综合性价比，但近年来各国对中国高铁、核电、电讯、特高压以及交通基础设施建设感兴趣，实际上是在消费“中国速度”，新made in China提供的是对旧有时间空间的突破感和驾驭感。透过中国造的高铁、手机乃至发电厂、航天装备，你的世界正在因压缩、简化而丰富、生动……龙的足迹正在延伸，中国速度悄然而来，中国从没有像今天这样，深刻参与你的生活，影响你的实际行动，以及我们共同身处的这个时空。

（2016年2月19日）

奢华阿布扎比

古人说仁者乐山，智者乐水。乐山之乐在于动，隐有攀登之意，翻越土坡石阶，体味四时晴雨，一番辛苦后登临，人也沧桑豁达，不畏征途，直可克己复礼兼济天下曰仁。乐水之妙在于静，独立潮头，坐观波澜，思接千载视通万里，足不出户而天下三分方为智。道由情生，山水有灵，山不在高水不在深而在乎一心有行，所谓有仙则名有龙则灵，一方山水养一方世情，怎能无经无诗无隐无楹。每次看到外国的群山像荒地一样未开垦，就想着组织一个考察团占领这里的商机。既然群山无人打理，如果能用于禅修论道、创意园区，又或是孔子书院、书声琅琅，每天晨钟暮鼓，清凉自在，其人文魅力自成风范，若又跟旅游业结合起来，每年收益足可自保，这难道不是中国旅游业走出去的重大机遇，也是华人软实力输出的天赐良机。

中国寺庙求“隐”，逸于物外，悟道于山中。外国的教堂、清真寺多在城市社区布点，但在选址方面并不是随意为之。曾用苹果电话的罗盘功能看过印加神庙和穆斯林圣地清真寺，其立向角度数据多有着明确的标记意义和整数感，显然是刻意为之。中国的宗教场所在选址方面也十分讲究，存在一系列标准的理论、范式，立于藏风聚气之地，多借山水之意贯通生命的终极思考，即使清真寺，也是一派飞檐斗拱中国化的意境。而外国宗教场所选址大多并不择山而藏。如果不能借身后山水之势，怎么办？那就只好向头上寻求帮助，圆弧穹顶与云影辉映，彩色玻璃则巧借天光，无论是一钩细月还是大十字架，都高居顶端仰视才见，简洁而深刻的符号与苍穹融为一体，日复一日物换星移飞雪流云朝夕为伴，在入世与出世之间警醒世人。想到这些都是因为看到新建不久的阿布扎比大清真寺极尽奢华，人们把奢华用来赞美和追求自己的信仰，总比烧钱制造战乱推销军火资助阴谋要高贵高尚。今天就返回北京了，快过年了，祝愿全世界都像这般宁静天蓝。

（2016年2月3日）

耶路撒冷风铃

浅苔色的约旦河水隐有雾气缭绕，白嘴鸥拍打着翅膀翱翔、浅唱、回旋，怎么也不肯飞远。大卫王遗世独立忧伤地奏起竖琴，心甘情愿地化为青铜守卫在神的左右。第一次接触犹太人，刹那间明白了华人与犹太人的友好背后在于天然的默契感，仿佛久已相识、心有灵犀，那种不需要解释就能互相懂得的对事业共同的紧迫感、呼应感，确定目标之后天马行空般发散的思路，乐于进行丰富的执行方法互动以及共同的对细节的关注对表。相隔万里，缘在素昔，一经相见，彼此投以温情的目光和好事快办的朴素愿望，激荡起主动积极参与日益激烈的国际竞争的有为精神。聪明的利库德党人能根据会议发言迅速画成图表进入新的程序性探讨，在他们眼中，一个习惯于坐而论道的巴勒斯坦也许只是任指尖拨弄的地缘拼图。

以色列的雄心无处不在，巴勒斯坦的乡愁也弥漫在每一角落，两个阿拉伯青年在哭墙的垛口拥抱话别，穿黑色长袍的人们虔敬地对着墙壁低语，

耶路撒冷城墙一角，竖立着以色列联合王国第二代国王大卫的雕像

大片鸽子追逐着老人手里的面包屑。夕阳斜照，绯红色的霞光从耶路撒冷的老街一路照到拉马拉的教堂，彤云将要褪色雨点即将洒落那一刹那，晚上六点半，阿拉伯祈祷文准时响起，没有前奏，没有理由，一下子就勾起我的眼泪，想想那沧桑的圣城、不息的战火、天国的牧笛、咫尺的人潮，都汇入一曲晚风中的吟唱，壮丽、逶迤，而又悠长。

（2016年1月25日）

冷雨巴勒斯坦

环球同此凉热，北京进入深冬的时候，巴勒斯坦也是寒雨连天，积满雨水的坑洼路边，赫然就是该国交通部。在这里深切体会到巴勒斯坦人的热情、智慧和乐观，见证了他们处境的酸楚和谋生的艰难。他们熟知天下大事，随口能够畅谈中国正在推进的供给侧结构性改革，对中国了解的深度远超中国老百姓对巴勒斯坦的了解。据说这里人的口音是纯正阿拉伯语，令人感佩于阿语的魅力在于雄辩和多彩，音色丰富、语调华丽，仿佛不用换气，一气呵成，一口气就能贯穿整个下午。

同样久远的文明和质朴的族群，令人既为犹太人的历史遭遇而动容，也对巴勒斯坦兄弟的现实苦痛感同身受。进入两难抉择的时候，能不能通过协议的方式，运用现代商业思维解决巴以问题，即将耶路撒冷圣城腾空作为各方同比例共有的历史文化资产，每个居民按股份制方式分享旅游和人文价值链的资产收益，意味着可即刻拥有一定数量的分红，有充分的经济条件前往世界各地定居和游历。圣城管理运营团队则面向全球招聘，不愿离开故土的人们还可作为志愿者进行公共服务？同时，在加拿大、澳大利亚、非洲等广袤宜居的地域进行公开招标，为圣城居民提供附带多重国籍认定的全面的公共保障和综合服务。

以中国唐代为例，波斯人曾在政府做官，日本遣隋使、遣唐使络绎往来，那是何等的开放与自信，令人对大唐之大心悦诚服。到什么时候，我们也能请陆克文担任副外长、让特朗普的外孙女到政府联络公共事务，同时更多县长能透过国际组织的机制性安排远赴非洲参与社会治理和公共服务？中国共产党之伟大在于创立者们在筚路蓝缕的时代就具备国际视野，很多先驱者们都有在海外游学工作的经历，亲眼见证了工业文明的曙光，从此立下通过革命拯救中国的急切愿望，积累了深思社会的习惯和跨文化比较的眼光。有了远赴重洋跨境学习工作的阅历，能够设身处地地熟悉境外政治家和社会各界的实际处境，在国际政治经济交往中就不易受到恐吓与讹诈，就能保持独立与清醒，就能每每乐观地迎接国际政治经济框架的微调乃至动荡，最先听到未来的管风琴声，唱出迈向春天的第一声咏赞。

（2016年1月24日）

暖陶色塞浦路斯

海岛天黑的早，暮云压城，彩虹飞逸，在静穆而迷蒙的氛围里来到塞浦路斯。希腊语的歌谣在车里缠绕回荡，如同催眠曲，到酒店很想倒头大睡，野旷天低树，还是睡不着。今早一片天晴，顿觉晴澈，眼前仿佛忽然开启了闪光模式。

挤出来半个小时参观了博物馆，暖红色的陶器开启了数千年的文明之门，石像很多已经斑驳，触手仍然传来柔和的质感和海的温情。陶器上马的纹饰与中国汉代的马踏飞燕极其相似，不知名的女神清丽婀娜，娃娃甜睡的石像生动传神，令人想到定窑的孩儿枕。在生产工具不发达的洪荒年代，国与国、文明与文明之间没有GDP可以比较，只是在日常器物隐含的生活气息里，在对彼岸世界虔诚的求索之中，能够体会到一代人的风骨和一个文明的丰度①。向海而生，世俗生活诸般场景内化为质朴的造型，对周遭

① 丰度，是指一种化学元素在某个自然体中的重量占这个自然体总重量的相对份额（如百分数）。

在博物馆中看到的陶制独木舟

世界的认知外化为丰富的纹饰，其中逻辑抽象的高度，意象提炼的精确性，制造工艺的机巧感，语言表达的简洁力，哲理内涵的多义性、广延性，共同构成了欧洲早期文明特有的庄严而绰约、细润而通神。快到出口时无意中发现，一个小小的陶制独木舟，坐着一父一母一娃，趴着一狗，狗在最前端默默静立稍有紧张；孩子的两手轻松搭在船上，注意力都在小狗身上；后面的母亲紧紧注视着孩子，仿佛随时准备在突发颠簸时将孩子抱起；而父亲则用大手压着船帮，镇静而欣慰地望着前方的女人、孩子和狗……这是早期海洋生活的平凡写照，也是人性亘古以来坚毅博爱的无声证明，一车（船）、一家、一动物，后世感召了无数人为之奋斗的“美国梦”，也没有超越这个“核心家庭”加一个宠物的生活模式。而今历经数千载，陶器已经复归泥土的本色，但那段故事那刻情深却穿越千年直达我们的内心。天下无俗情无俗事，岁月剪影常闪现在身旁每一刹那，等待人们去流连、提炼和纪念。

（2016年1月22日）

委屈的玛雅神祇

去年夏天曾匆匆到过南美，感受很深的是经常能够看到西方殖民者把大大的十字架或神像立在山顶，以此宣告对这片土地的征服。在秘鲁首都利马由西方人经营的博物馆里，玛雅土生土长的神祇被委屈地放到地下展厅里幽暗的角落，而地上展厅陈设的是西方人留下的盔甲、刀剑和枪炮。听说在遥远的当年，侵略者绑架了国王，赎买条件是把一个房间装满白银，当白银满屋之后，又要挟以黄金填满房间，随之黄金也从四面八方运来，但生于斯长于斯的国王却再也没有回来。今天，中国人也到美丽的安第斯山脉合作开矿去了，同属经历过沧桑和苦难的文明，愿古老民族的后人们真正携手共赢，互相体谅，在崇山峻岭之间写下佳话。也建议中企们赚了钱之后，能为当地修个博物馆，把玛雅土地之神请到地面居住，让她亲眼看到一个和谐充满希望的时代。

（2016年1月17日）

倔强新加坡

秋天的夜晚驻足在城市一角，感受到新加坡特有的南国的湿润、静谧和繁华。在亚洲文明博物馆和国立博物馆参观，感慨于新加坡开国者对世界市场的洞悉和对国际格局的驾驭，遥想多年以前一群华人冒着瘴气开到蛮荒湿热的东南亚，亲手开辟出属于自己的家园，这份勇气和实力令人肃然起敬。

所有赤道附近的人们最应当感谢的一个发明是：空调。它让人们舒适和自信。今天的新加坡屋子里空调开得很凉，穿西装还嫌冷，看着那些正襟危坐的新加坡精英，心里猜想三十年以前他们没有空调是否也能坚持这种坐相，也许会一边说着话一边擦汗吧。百年以前，这片热带土地也许并不那么适合居住，但空调出现之后，这里变得产品丰饶而又居住舒适，不只是植物的天堂，也成为游客的胜地。由此我想到，有一天，诸如南北极等极寒蛮荒之地，有可能也会因某种技术和产品的问世，而变得宜居温馨，白天与海豹、企鹅嬉戏，晚上夜雪绵密。愿当代华人仍然有这份生命力，能到广袤的边疆大地，到浩瀚的蓝海乃至冰雪极地开辟生息，在现代科技与中华文化、生态文明、制度文明会通与超胜的新尺度成就未来新的传奇。

闷热时节的新加坡道路显得狭窄，隐约也有雾霾弥散，机场路边的工地上也能看见20世纪80年代的工程机械冒着黑烟。在巴士上的入住指南标注着住处的名字“塔翼”“峡谷翼”，猜想这酒店该有多么油绿幽深气宇不凡，但到了实地发现只是一栋湮没在钢筋水泥丛林之中的寻常板楼，从哪个角度都比不上北京西三环的香格里拉。

新加坡是最早与中国订立全面自由贸易区协定的东盟国家，搭乘中国机遇的快车得了不少实惠。这里是典型的外贸驱动型经济，是公认的高度开放的经济体，但《制造业限制投资法》仍然规定了很多外资限制进入的产业，比如投资纺织品、铁制品、汽车、电视、飞机、空调等，要接受严格的行政审批，外资持股比例还不能超过四成。且出入新加坡禁止携带超过两万元的新币，给外来投资者带来很多不便。以开放为生命线的新加坡尚且有所护短，可见任何跨区域的贸易规则安排，都不能超越地区发展实际，否则就只能是空中楼阁。开放度不等于高质量发展，提高开放水平不等于外资就可以为所欲为。如果照世界银行、经合组织的评价规则对外资不做关注听之任之的话，那清朝时期我国可称得上是最为开放，外国人如入无人之境，但老百姓的幸福感又做几何?

近来美国喇叭鼓吹的空中楼阁就要属TPP这个鸡肋了。TPP表面上讨好了跨国公司和某些小国，而本质在于地缘政治角逐，是域外大国从全球视野对华发起的战术博弈，从雷声隆隆到雨点终于稀疏降临，其战略取向和具体解决方案已经了无新意，只不过是创造各种借口绕开多哈回合谈判成果，反而暴露出当前世界经济政治格局某种对立思维、理想主义倾向、保守的心态和庸俗格调。

TPP反映出一些国家急切的功利主义心态。奥巴马是想在下台之前力推亚太再平衡为自己制造外交遗产也为下一任鹰派总统开道。日本趁低潮期紧随其后，其他国家只不过是逢票即炒。TPP高调唱得响，实际上只是拼凑急就，其实际意义并不很大，比如说越南，与TPP的劳工标准根本不沾边。比如说新加坡，还不是照旧我行我素，任谁都不能冲击本国制造业发展。

2015年是世界反法西斯胜利七十周年，早在七十年前，我们已山河破碎，罗斯福仍坚持把中国看作世界五大国。一个高明的政治家必然深谙中国深厚的战略潜力和不可替代的地缘影响力。而反观七十年后的美国总统却掩耳盗铃，明知任何区域乃至全球经济政治框架不可能脱离中国而独立存在，却虚荣地搞一个没有中国参与的所谓TPP。脱离WTO另开新群，要看看今天的国际政治经济是否还是华盛顿、林肯抑或是里根所处的时代。何况中国对于TPP也早有准备。这就像近年一直在搞的“中国好声音”“我是歌手”为什么造不出天王巨星，其秘密在于无论歌手唱得有多么出色，本质上都属于翻唱，观众心里只会一次又一次勾起对原唱歌手的回忆。同样的，亚太无论怎么搞小圈子，都是为中国的到来进行预演，种种背离行为反而从一个侧面说明地缘上天然地由来已久的对中国的某种不可抗拒的向心力。正如那首著名的诗句：无论你走多远，都走不出我的心，就像被黄昏拉长的树影，永远离不开树根。

美国搞TPP类似于一种围魏救赵，真正的意图是为了在对华的BIT谈判中加大砝码，获得优势。但中国也有筹码，我们也可以在FTA、在RCEP乃至在FTAAP进程以及在“一带一路”中做实以我为主导的所谓贸易自由化。这些年来，美方高唱TPP但不急于签约，以势制华，那还不失高明，但奥巴马退休之前太着急了竟然形成了具体文字，这使我们不但可以见招拆招，还能借鉴经验倒逼国内经济结构优化。可见TPP并不能制约中国，我们还不是无拘无束地照样来跟新加坡搞合作。说了这么多只是想说明，对中国经济要有信心，我们固然还不富裕，但这些年好不容易锤炼了一双翅膀，必定要拓展属于黑眼睛的天际线。让我们拭目以待，没有逆风，就没有大国的起飞。

（2015年10月5日）

琉璃巴黎

穿过晚霞到达巴黎，天边浮动着薰衣草的颜色。第二天天一亮，城市即刻开启喧闹模式，和北京一样的嘈杂拥堵，然而路途上总有鸽羽色的古建筑，以怀旧的质感消解着旅人的疲累，见证着与各地过客一次又一次的重逢。巴黎像一块透明的水晶，每个时刻总有迷人的一面，教堂清旷的钟声，塞纳河畔被日光染黑的青苔，街角咖啡馆门前沉默的老犬，Lafayette百货60%折扣的海报，住宅楼窗棂飞出的绚丽的鸢尾花，酒店大堂中世纪绘制的浮现烟熏感的壁画，室内浅青色的大理石和家具表面繁复的大马士革花边。

和北京一样随处可见古典元素和浪漫风情，和北京一样凌乱中裹挟着秩序，躁动里纷飞着单纯，巴黎人怀旧，马赛人热情，图卢兹的阴天里看不见远处的山水，只是会场拥挤的人潮已经把我挤回到大巴里，偷闲写下两天急匆匆来到法国的感受。在这里没空去看普罗旺斯的薰衣草，没喝到传说中马赛的鱼汤，只是亲眼看到打扮得非常整洁的法国人表现出对于中法经济合作的关注和期待。双方联手开拓市场，把高铁带到慢生活的曼谷，带到人们整天只想着在合欢树下晒太阳的非洲大陆，带到奔放不羁的南美，将怎样改变质朴的人们素来的节奏和生活？与高铁相比，核能合作润物细无声，僧侣们无须知道原子的奥义，现代技术将供给他们更加纯净和美妙的山水。对立贻误机遇，合作才大开商业之门，由此启迪越来越生动丰富多样的愿景和搭建平凡人显身手的舞台。

（2015年6月29日）

多元布鲁塞尔

第二次来到布鲁塞尔，更加感受到这里的繁华与闲适。欧盟总部选择在这里落脚不是偶然的。从各种老旧但色调丰富的楼宇和店铺间走过，从阿拉伯人、黑人、华人和各种从容缓步的人们身边走过，能够感受到一个多元的欧洲、多彩的欧洲，律动不已而又静如磐石的欧洲。这里地缘居中、发展位势居中，氛围适中，尽享欧洲大陆中心区位的游刃有余和动静平衡。日光于此间静静流过，没有一丝痕迹，冲淡而平和。这里是奥黛丽赫本的出生地，也是丁丁历险记和蓝精灵的故乡，巴洛克和哥特式建筑相映成趣完美地融合和伫立在塞纳河畔，空气里弥漫着中世纪的精致与清冽，国际化都市随处可见湖畔派的风情和田园般的宁静，一大打巧克力只卖10欧元，城市如同赫本一样娴静清丽而平实。马克思曾经在这里写作了著名的《共产党宣言》，他曾经的居所如今已经是幽静的咖啡馆，大门上装饰着一只优雅的白天鹅，如同这座城市一样自信地伫立于世界舞台，汇集着不同的国旗和文化，凝聚着人类永恒的爱、智慧和希望。

（2015年6月23日）

隽永圣地亚哥

世界上的古老文明大都发源于大河。拉丁美洲地区虽然拥有世界上最大的河流亚马逊河，其三大文明：阿兹特克文明、印加文明、玛雅文明却是发祥于山地。哥伦比亚首都波哥大市就坐落在高原上，这里天低云重，色彩浓烈而深沉，静静孕育了加西亚马尔克斯的土地，总有些许挥不去的蓝调和乡愁。我的理想就是有一天学会西班牙语，阅读原版的《百年孤独》，透彻领略沧桑的土地以及她所哺育的宏大的山脉河流。

如果从北京穿针引线到地球的另一端，就来到了智利。这里是距离中国最远的国家，也被称作“天涯国”。首都圣地亚哥市繁华而祥和，市民热情友好，车辆遇到行人时会主动停下示意通过，街头不时有人投以微笑打招呼致意，他们温和质朴而内敛，令人产生一种来到德意志的错觉。圣母山的小山坡上静悄悄伫立的蓝色小楼，是诗人聂鲁达和他第三个情人的故居。这里闹中取静，别有洞天。因为赶着回住处，只在此停留了不到二十分钟，

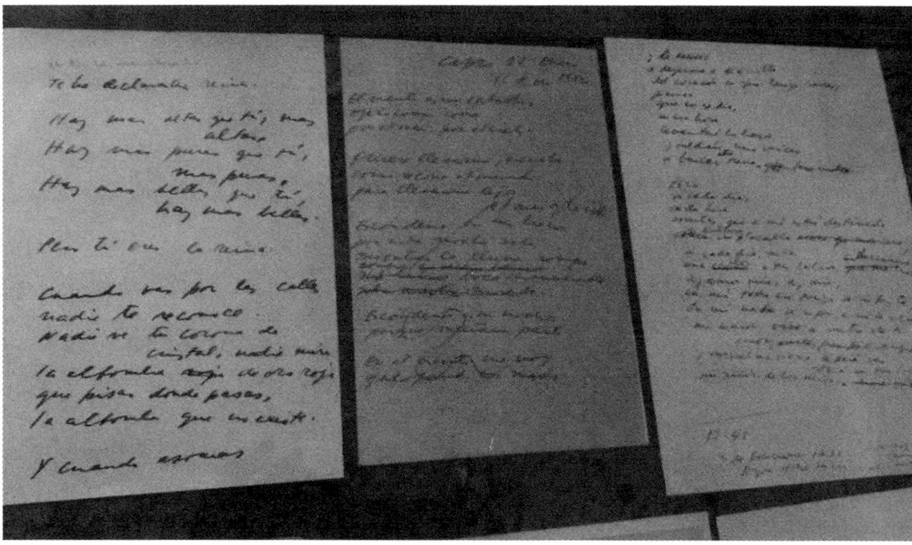

智利诗人巴勃罗·聂鲁达的字迹

仍然能够感受到别样的幽静和通灵，房间里摆放着诗人当年收藏的各种艺术品，俄罗斯油画、中国绢画、瓷器、复活节岛上的木雕。在进入客厅的侧面挂着木质彩色的东正教十字架，旁边的小龛里蓦然站立着的浅粉色的布娃娃，游客很少会注意这其实就是印加文明的圣母形象，她平静地注视着来自不同文明的访客，即使是历经硝烟劫难，仍然报以静静的浅笑。

印加文明为世界贡献了马铃薯，哺育了五大洲的人们，至今存有农业文明特有的质朴、平静、隐忍和接纳，与西班牙殖民者动辄在高山上留下的十字架形成了鲜明的对比，令人感慨于昔日交织着血与火的岁月，倍加珍惜今天文明之间的和谐与共荣。从照片上看，聂鲁达的长相与马尔克斯有相似之处，都有着深邃的目光和坚毅的轮廓，个性独立，情感深沉而奔放。

从字迹上看，聂鲁达的书法水平很高且腕力很大，墨色经年之后仍然力透纸背。十来分钟既短且长，只是一盏咖啡的时间，却直通一个世纪的沧桑岁月，时光悄悄从这里经过，从老屋的吉光片羽里，仍然能够感受到一位深情的诗人，以及他穿透心灵的隽永。

（2015年5月27日）

发现印加文字

来到拉美这几天还是头一次白天能有空溜出来，趁午饭时间到了秘鲁首都利马郊外的印加文明遗址。以前曾听说印加文明没有文字，只有结绳记事。但在遗址神庙外立面复原的壁画上，分明看到了文字的遗迹。整块壁画由黄红相间的十一个画面构成，每个画面除了一个植物，计有八到十三个动物不等，而动物又各自朝着不同的方向。可以清晰地看出，“两鱼一树一鸟”在画面中重复出现，且保持稳定的构图比例。同样的，其他鱼鸟和植物也都保持稳定的线条和比例，加上图案数目、动物运动方向和背景色彩的搭配，分明构成了富有意义的文字。

这与埃及表意文字有异曲同工之处，在大英博物馆镇馆之宝罗塞塔石碑上，刻着古埃及国王托勒密五世的登基诏书，也是用同样的叙事方法产生表意功能。罗塞塔碑文还表明，象形文字未必完全表意，也可能有表音的作用。那么在印加神庙出现的鸟的形象，是否其叫声与语音相关，有待

秘鲁首都利马郊外的印加文明遗址

深入研究。我的国产手机没有罗盘功能，用朋友的苹果手机罗盘，测定正中的画面恰好在东南中心线上，分毫不差。可见居中的画面含义最为重要。在山顶耗费心力建造神庙，其外面的壁画想来不会信手涂鸦信口开河，必然有深刻重大的内涵。谁说印加文明没有文字？世界不是缺少美，而是缺少发现美的眼睛。学术界往往容易带着某种文化优越感简单地判断某些经济落后的民族没有文字，但深入研究往往会颠覆既有的判断，发现不同文化对于语言文字的设计智慧和表达技巧。比如说，中国南方的瑶族一度被认为没有文字，但后来在过山瑶、平地瑶、梧州瑶缝织的八宝带、八宝被上发现了明确带有象形文字特点的古文字符号。按照传统习俗，瑶族少女在出嫁之前必须学会织锦为自己准备嫁妆，其中一床“八宝被”更是标配，在被子之外，又陆续发现瑶文字还藏在围裙带、腰带、背带、床幔等其他织锦里，藏在瑶家的日常生活用品和服饰中，甚至有专家认为神秘的女书也属于一种瑶族文字。同样的，如果有后来人论证印加文字是一种独特的象形文字，且附带与自然万物结合的综合表音表意系统，那么本书可否算是在世界上首次发现了印加文字。

古人说墨分五色，在印加遗址发现黄也分为五色：岩石、土垒、大地、面孔以及轻轻弥漫的尘烟，依稀掩映着一个古老文明的恢宏和富丽。随手拿起一块石头，都是如刀劈斧削般平直，从一小块粉红色石片，可以遥想当年，在橄榄绿色的山谷顶端伫立着的米黄色和浅红色相间的雷神之庙。每当雷电刺破天空，黑云压城，樯倾楫摧，黄红相间的神庙仿佛黑暗世界里最后的家园，每一簇火焰每一抹光亮都被这里悄无声息地收纳，成为人们的寄托和依靠。

利马今天贵为首都，但在古老的印加文明谱系仅仅算是边陲小城，这里汽车乱开，黑帮出没，据说也包括华人帮会。空气污染以致全城无不弥漫一层土色，空气质量差到爆表。可见城市衰落有几个明显的先兆：一为缺水，二为刨山伐树，三为堵车，四为犯罪。从这个意义上说，北京市正在努力避免这种局面，否则都城将向关中进行溯源迁徙也许不无可能。随着“一带一路”的拓展和产业链渐次向中西部转移升级，如果循西咸至陇西沿线水土丰沛的节点寻找合适区域定都，上承中华民族发祥之厚重，中承当代发展禀赋要素升级布局之频密，下有人口和资源后发纵深，其文化权威度、传统承继性、地缘中心感和族群向心力与北京相比不遑多让。北京若不加倍努力，再不痛下决心治理空气和拥堵，有天我们的城市和文明也会干涸。

秘鲁人对华人非常友好，一看我是华人面孔，在遗址把守的警卫特别准许我把车开到山坡，还允许走台阶登上断壁残垣。这里把漂亮孩子都统统称作“中国娃”，五百多年前，第一批华工沿当时的海上丝路来到这里，带走了马铃薯、玉米等种植技术，并让中餐、中医、武术和茶在这里生根发芽。行走在拥挤凌乱的城市，很多本地人微笑着致意，令人感恩陌生的土地，更感恩祖先们辛勤耕耘留下的余荫，当地人为了感谢华人，轮渡曾经对华人免费……随着中国人日益从温饱走向富庶，听说这些年随着祖国的强大，据说有的日本人韩国人谈生意时会自我介绍说：I was born in China。

五湖四海的城市，白色棕色或是黑色皮肤的人们，都曾为华人的身影振奋和感动。我们固然无法回到那个披星戴月、饱经忧患的时代，但透过来自异乡的风物和笑容，也能油然体会到自己文明的伟大，她所历经的辗转和坚持，知命和乐天，善良和细腻，坚毅和甘苦。

（2015年5月24日）

巴西睡大觉

里约热内卢市坐拥山海，宝石蓝的天空，橄榄绿的大地，浓淡总相宜，风情天纵。然而，就在著名的基督山背后的山坡上竟然聚集着大量贫民窟。闪耀着廉价石棉瓦光芒的低矮平房的纵深高处，赫然就是著名的建于山巅的耶稣圣像。白天风光旖旎车水马龙，到了晚上居民们不大敢出门，因为这里的抢劫分子连警车的主意都敢打，华人更是重点目标。到了夜间，里约市的道路会看上去很窄，树木变成灌木丛一样地阴黑而嘈杂，路灯是昏黄色的，行人基本没有，仿佛随处都隐藏着不知名的危险。然而在无边的暗夜里，清晰得见圣像被浅白色微光弥漫环绕，宁静祥和，无上清凉，瞬间消弭了所有恐惧和杂念。物换星移、光阴荏苒之间，幸有上帝的陪伴，面对人世间的繁华与苍茫，他总是浩然张开双臂，启迪所有土地上的生灵都怀抱天下，追随永恒。

传说上帝就是巴西人。巴西人拥有资源很任性，不知自然灾害为何物，目光所及处尽是肆意生长的植物和满溢的河流。巴西利亚市是新建的巴西首都，从高处看去，中轴线上坐落着国会、总统官邸、外交部、国家博物馆等一系列建筑。国会参众两院分别顶着两个巨大的碗形屋顶，众议院的端正向上，象征民主，参议院的倒扣向下，象征集中。广场上的女神像被蒙着眼睛，象征法制。号称大教堂前庭的广场本来设计了十二门徒的雕像只建成了四个就不了了之，据说是因为预算不够了，不够也行，但任鸽子在雕像身上大小便，有点不大合适。世界杯主场馆根本没完工但还照样凑合使用，据说也是因为没钱了而已。堂堂金砖大国的首都，象征国体国格的建筑规划能如此轻松潇洒写意，真是令人叹为观止，但同时也传递出一派轻松自然乃至游戏感，这就明白为什么巴西队在本届世界杯早早收场，因为他们可能本来就没那么在意。这里拥有石油储量但燃油都靠进口；这里没有国产汽车以至于奇瑞江淮比亚迪纷纷来建厂；这里没有铁路，交通都靠公路或者飞机。中午回到房间，发现小费已经被取走了，按惯例一天5美元，但房间根本没有收拾。由衷地建议巴西不要抱着金砖睡大觉，资源充沛的土地更应崛起令世人震撼的奇迹。

（2015年5月20日）

香农河畔的细雨

细雨中来到爱尔兰，迷蒙的灰色令人想到叶芝的作品《凯尔特的薄暮》，蓦然看到画面纵深处的小白点，真的竟然是诗里曾说的浪尖上的白鸟。

The white birds on the foam of the sea
We tire of the flame of the meteor
Before it can fade and flee

纤丽的水鸟悄悄伫立在水中远观一个又一个过客，又和潺潺河流一起急切地追随消逝在叶芝永无止境的神秘主义氛围里。明艳的绣球花轻轻摇曳宛如岁月的剪影，岸上依稀可见忧郁的古堡和沉默的风景。听说这条香农河是爱尔兰最长的河流，河边的古堡建于十三世纪，铠甲灰色的砖石和铁

香农河畔的小路

灰色的天空混合，挥不去一股波诡云谲，以至于千载之后仍然能够感知旅人行色背后传来思绪的涛声和历史的寂意。

（2015年5月18日）

冰雪达沃斯

披着飘舞的雪花，来到瑞士达沃斯。在皑皑松林中行进，穿林海、过雪原，竟然有一种跟着杨子荣智取威虎山的感觉。这几次到汉堡、米兰和苏黎世，从外表看上去并没有见到西方工业文明的发达，反倒是觉得欧洲几大城市呈现共同的基础设施陈旧。看来，世界上存在两个欧洲，一个是我们想象中的欧洲，繁华、富庶、文明，另外还有一个真实的活生生的欧洲，静谧而单调，成熟而沉闷，有序而乏味，富有而吝啬。

瑞士虽然小洋楼林立，但也随处可见小的单薄的房子在雪原静静伫立，和东北小城也没什么两样，不知道他们冬天怎么御寒，有没有政府来拜年送温暖。有时甚至想，我们是不是让媒体的渲染给骗了，这山望着那山高，总是觉得欧洲更好，但到了欧洲那山之后却发现中国这山也是风景独好。

能够在山谷生存发展至今仍然在全球体系中独树一帜的是真正的强者。

冰雪小镇达沃斯

瑞士人冰雪聪明，以精巧技艺赢得全球的敬意，爱因斯坦曾在这里学习，这里也诞生了著名的荣格。上学时看不懂荣格，到了瑞士看了雪山明白了原来这里地处深山与世隔绝，没事喜欢琢磨所以能出智者。在这里的住处是一家疗养院，只有两层楼，但从大堂进到房间总共要用到五把钥匙，路面上有三种颜色标识方向，睡床分明就是病床，标准的一米宽，晚上担心会从床上掉下来。按三个颜色五把钥匙开门严重超出了我的智商，跟同屋的同事开玩笑地说，担心走错路用错钥匙会不小心回到1915年。明早估计会饿肚子了，可能根本找不到食堂，是吧，这个疗养院可以称得上奇葩了，在这里入住真需要一定的智商，令人想起一部老电影——《飞越疯人院》。

（2015年1月5日）

艳丽曼谷

曼谷色彩明丽，风情绽放。出租车有翠蓝色、浅荷色和亮粉色，浅紫色的楼房点缀在晨间的车流里，领略到东南亚大都市的别致和繁华。咿呀婉转的泰语、热情微笑的人们、绿意葱茏而又缤纷多彩的城市，让人心生爱慕，禁不住经常赞美，终于一旁的广西同事忍不住发声了，说：你没到过我们南宁吧？我尴尬地说，确实没到过广西，不只是广西，云南、贵州也没有去过。

这是第二次来到曼谷，已是物是人非，英拉黯然离去，军政府上台，但泰国形势仍然存在变数，除了面对中等收入陷阱的考验之外，这里竟然形成了动不动就上街示威游行的所谓民主习惯，幸好还有寺庙和国王存在，维系着一方土地的安宁。一路上看到距离一米八的高度到处都是电线密布，基础设施改造的空间很大。凌乱和温馨中间掩映着一座祥和热闹的城市，老问题新挑战交织在大湄公河上空，湄公河在中国段的名称是澜沧江，在胡志明市入海，一条河流就这样牵动着大中华圈的福祉，蜿蜒，壮阔，繁复，水疾流深，绵密而又悠长，悠长。

（2014年12月19日）

哈萨克晚霞

哈萨克斯坦共和国首都阿斯塔纳是一座新城，据说以前是因为老首都阿拉木图距离中国太近了，所以迁都。这里的特产是铀矿石，马鞭子和皮制的酒壶，物价水平高于中国。冬天阿市气温有零下20多度，赶上天冷，到达后就在酒店房间干活没有出去溜达，酒店名叫北京大厦，是中石油在这里盖的，进屋就像回家一样，220伏电源不用转换，装修和国内一样风格。正在感慨这里不如沈阳哈尔滨海拉尔时，无意中朝窗外望去，看到了绯红色的晚霞，原上夕照，长河落日，顿时体会到哈萨克斯坦之美，宁静，阔大，壮丽。

想起一句元诗：千嶂晚云原上合，两河秋色雁边来。好个“原上合”，正好这里也在举行上合组织峰会。今年以来俄罗斯被制裁，中国力推上合框架和丝绸之路，开启国际产能合作大门，近在门口的中亚国家处在缓冲地带，多元外交的老路变窄，如果不主动进门共同寻求和创造机遇，日子也并不好过。人说耳朵大有福，现在终于明白了，国家大才真正有福气。

（2014年12月14日）

阿斯塔纳的晚霞

内比都大金塔

听说内比都的大金塔比仰光大金塔规模小了不少，但也能够感受到佛国的庄严与空灵，从住处到这里来回只要半小时，热闹的国际会议马上转换为高居世外的超脱与缥缈。宫殿的文字与西安大相国寺里收藏的玄奘西游带回的贝叶经文一样，都是缅藏语系的文字，一个圆圈挨着一个圆圈，像是一组基因密码。大金塔脚下的佛学院据说很少有人来参观，工作人员连本地人都不多见到，因此非常高兴地给我一通介绍，我也很有兴趣地看了看他们领袖的一身戎装画像，心里并没有仰慕感。终于被带着到佛像室参观各式造像。佛像很多，朴素的多，精美的少，这里的造像大多热情而妖娆，欢喜而神秘，最喜欢16世纪的一尊木质造像，与明造像风格接近，是本地山区出土的，工作人员特别允许亲手触摸，几百年的木质，漆面仍然醇厚温暖，开脸寂静祥和，刻法简洁生动，刀锋圆润流畅，触手很沉，估计木质很好。

内比都坐落在金脉之上，金气很盛，估计地下不深就是金矿，导致这里的植被似乎有烧灼感，绿叶弥散苍黄，没有热带植物特有的湿气和茂盛。到这里开东亚峰会是不是也能让各国来宾把金气分享分享，GDP再增长增长。一会儿就出发回北京，反正也是驻留够了，这缅甸新首都连行人都很少见到，怀疑是不是市民们也限号出行了。

（2014年11月14日）

闪亮罗马

罗马城俯拾即景，随处能够联想到意大利电影里的场面，浅褐色的栏杆、深灰色的石头路和《偷自行车的人》的影调一模一样，阳光在云层里细碎地流动，不时有鸟儿飞过广场，绿茵滴翠，秋风飒飒，橄榄色的地中海松闪现在巷陌角落，令人想到那部《美丽人生》里苦涩和甜蜜的时光况味。喧闹的人潮在老街里交织出流水般的静谧，斑驳的大理石雕塑倔强地与喷泉对峙，像安东尼奥尼一样沉重忧郁而迷离。自中世纪以来，数不清的群星从这里升起，在世界人文舞台闪耀，即使是再长的长镜头即使是“电影眼睛派”也不能尽录这里的辉煌和荣耀，众神的歌咏仍然在今天回响，许多秋天流逝，许多情怀依旧，许多故事钻进时间，许多安静藏在心里。

（2014年10月18日）

莫斯科秋意

秋天的莫斯科苍茫静穆，云深霜重，层林洒金，清新而深沉，这里诞生了伟大而孤独的托尔斯泰。记得少时读宏大的《战争与和平》，书太厚了仿佛永远也读不完，终于读到尾声，看到莫斯科彼得堡重归宁静时那种深刻的喜悦和淡淡的哀愁，体会到俄罗斯文学的静寂与永恒。这是第二次到莫斯科，午后从机场到酒店的大路两边满是高大的金色树木，想起屠格涅夫描写的“如烟的浮云流过深空，遍布鸟鸣和新过的阵雨的潺湲”。及至当面亲眼得见，从文学到风景，时间一晃流过了二十年。

（2014年10月12日）

柏林墙很累

柏林墙很薄，厚度仅相当于平铺一页A4纸，高度只是两米多，却横亘在东西方之间长达二十多年，封锁了两个世界和一代人。而随着柏林墙的拆除，很多人心理上的边界感渐渐模糊，壁垒渐渐在全球范围内被拆除和消融，多元主义、合作主义、多赢主义浪潮应运而生，中国与德国分别站在亚欧卷轴的两端，张开怀抱，彼此拥抱，将为世人开辟更多更为精彩深广的际遇和舞台。

（2014年10月11日）

雅 典 橄 榄

已经习以为常地说中国如何如何古老历史悠久文化灿烂，但是当即将前往一样古老而弥新的英国和希腊，突然间很不自信，不只是因为两国文明文化深刻影响着人类历史，更因为其至今展现出的创造力和对全球政治经济文化的塑造力。打个比方，仅仅从上届伦敦奥运会来看，其会徽固然遭人非议，但其中蕴含的未来主义表现主义元素和试验精神以及对新事物的包容接纳，足以令全世界肃然起敬。同样的，雅典也为世人奉上了一个简洁但有震撼力的火种采集仪式，花费又何其节省？演员只是穿着简单的麻质衣服，舞台是天然的，估计预算只是租用转播车的费用，但举手投足间尽显古希腊文明庄严静穆优雅开放的神韵。而反观北京奥运固然无分伯仲，但盛大的烟火、流光溢彩的城市不能不引起他国对我战略警惕，促我承担更多国际责任，也有人称之为跌入金德尔伯格陷阱。而实际上只要把镜头往南三环推移，就会发现一个发展中的更真实鲜活和复杂的中国。

中国必将强大，世界正在接纳，这些年，进取的中国人陆续跨海而来，英国希腊都向海而生，传承不息，而海的博大，并非因为波澜壮阔，而是在于它大浪淘沙，懂得沉淀。人的智慧，不是因为没有杂念，而是在于明白取舍。人与人的友谊要放下好恶、超脱当下、彼此尊重，国与国的相处要放下利益，彼此平衡，大国之间的关系就要放下情绪，互相学习，彼此成就。共同成长，分享机遇，才是生存之道。

雅典阳光热烈，米白色建筑覆盖了整座城市，山上石头裸露树木稀疏，残垣断柱不时在民宅中闪现，也许是因为绿意零落的缘故，流露出古老文明栖居于欧元区的某种无力感，暗示出欧洲正面临德英法鼎立并瓜分碎片化市场的远景。对雅典的第一印象很失望，无怪鸽子要大老远地衔橄榄枝，因为这里太需要植树造林了。而且梦中的橄榄树和现实中的橄榄树不同，亲眼见到的橄榄树不像齐豫唱的那样湿润清越，终日承受地中海气候的炎热干燥，不免令人觉察到某种文明层面的干涸。

（2014年6月19日）

安哥拉海风

溜出去半个小时，看了安哥拉的博物馆，门口两尊铁炮，十八世纪的那尊造型古朴、分量不重，试了试还能抬得动，用车轮的话移动速度会很快，对付同时代落后国家的冷兵器确实是很有威胁。十九世纪中叶的铁炮已经有呈菱形分布的膛线，估计射击更加精准，流线型的特点显得很突出。安哥拉是过去美苏争夺的焦点地区，存了不少老炮，看徽章的样式像伊丽莎白时代的狮子标。作为葡语殖民地，首都罗安达米黄色建筑配红屋顶流露出南美风情，海岸线很美，远眺大西洋海天一色、温润娴静，但小海湾淤积了不少垃圾，建筑破败拥挤，其治理水平令人担心。海风轻轻吹拂，安哥拉国旗缓缓飘扬，一时之间城堡变得宁静无声，时间都去哪儿了，时间不留一丝痕迹。

（2014年5月9日）

单纯埃塞俄比亚

对沙漠最早的印象是在大卫里恩那部被誉为沙漠史诗的电影《阿拉伯的劳伦斯》里，穿白色长袍的劳伦斯跳上火车厢带着人群欢呼，他奔跑的剪影投射在火车上，隐喻着一个群体对工业文明的热望。多年以来，阿以战争已经大打数次，无论是史诗还是幻灭，电影都记录下一个满怀雄心的年代。今天穿越沙漠来到埃塞俄比亚，从飞机上看去，亚迪斯亚贝巴这个城市建筑拥挤而环境质朴，基础设施简陋，但非洲高原天蓝云低，山野苍茫，阳光灿烂，正如法国作家加缪所写的那样，在非洲，海洋和阳光不取分文。这里曾经走出了人类的祖母露西，空气里至今漂浮着散漫和惬意，就像好莱坞电影里呈现的那样，这是一个可以尽情做一切事情的地方，可以随意选择想要的生活方式，尽情奋斗、耕作或是浪漫。破旧的小巷和热情的平民凝成一幕幕色彩饱和、气息温暖的油画，令人想到那部著名的《走出非洲》，抑或是《卡萨布兰卡》，又或是赫本的电影里才有的明快和绿意，天湖蓝和通透热情的阳光。

（2014年5月5日）

非洲原野

非洲骊歌

海明威曾经为当时垮掉的一代书写了一片野逸的远方——非洲，体现出一代美国人的直率、冒险精神和批判主义眼光。很喜欢《非洲青山》里描写很多高大雄奇的树木、自由自在的动物以及亘古无人的天地。《非洲青山》目录里到处都是“猎”字，《曙光示真》里捕狮子的一段体现出海明威挥之不去的征服欲，也透视出作为一个白人无处不在的优越感。他竭力扮演硬汉，内心却时有软弱与迷惘，就像乞力马扎罗的雪一样明净耀眼而孤独。

到非洲这几天都是在屋里干活只能偶尔远看窗外山水，在粗犷原始的自然风情之中感受得到非洲精神气性里的赤子之心，即人并不是世界的中心，人对天地万物的爱和敬畏。《非洲青山》里曾暗示出的一个意思是人一旦到达一片大陆，这片大陆就迅速变老。我们冒着恐怖爆炸的危险到非洲推介国产高铁，同时也会将一个古老大陆和初发开赴现代文明的群体带往何方？他们将以怎样的姿态和心情迎接扑面而来的速度感和五光十色而又鱼龙混杂的时代？中国元素到来的同时、传统文化久已存在的精髓：天人合一，能否成为非洲文明迈入未来的解决之道？从阿布贾飞往安哥拉的路上小雨淅沥，深绿色的雨意令人想到轻轻敲响的非洲鼓和蓝调布鲁斯，乡村民谣般的情绪弥漫在迷离的城市，凤凰花幽幽开放，宛如一瓣瓣音符，化为非洲青山怀抱里浅浅几曲骊歌。

到非洲之前，做功课读了几本书，印象深的是海明威关于非洲的作品，一直觉得这位老人和电影里的巴顿将军很相似，烈性的酒、坚毅的神情、呛人的烟斗熏陶出一片静穆的山野和雄浑空旷而寂寥的自然，这种野逸的氛围横亘在从《老人与海》到《丧钟为谁鸣》到《太阳照常升起》等数部作品之中，呈现出人与自然深沉的契合以及深刻的冲突。海明威曾写到，“非洲大陆虽然古老，但能令人回到童年时代”。童年时代意即山水无我，一派鸿蒙未判之前的真山真水。看阿布贾城市周边的小山，宛如飞来峰一样随意散落在大地上，饶有生趣。一方水土养一方文明，这里的人也是一样矫健、淳朴、富有活力和好奇心。在机场悄悄拍下了一位军人的剪影，几个景别都一致地呈现出非洲人的温厚之情和赤子之心，尽管他们也狡黠、粗鲁、好勇斗狠，但是骨子里有一份直爽明快和热诚。

（2014年5月9日）

非洲脉动

从昨天干活直到凌晨三点的眩晕感全被一杯浓黑的本地咖啡湮灭了。上午急匆匆地参观了亚迪斯亚贝巴博物馆，古老的非洲石像有的粗犷静穆，有的线条流畅优雅，还有的呈现出古罗马屋大维时期的风格。看上了一把长刀，细看上面有细腻的大马士革花图案，可惜屋里光线暗没拍照。从博物馆出来去了圣三一教堂，用蹩脚的英语请求与黑衣主教合影，主教黑衣黑皮肤和沧桑的身影静立不动，微微扬起十字架，慈祥地一笑，刹那间凝固了多少世俗的岁月。从博物馆出来后忽然想起，什么似乎忘了带走，原来是看上了主教手里那个十字架，立时后悔当时没花言巧语请求赐予，再一想来这与犹大欺骗上帝又有何分别。到不发达地区遇见纯真善良的人们，能够清晰照见自己的龌龊与贪婪。住处的走廊挂了一些丝织品图案，非洲的花边纹饰同样繁复绵密，精致处与波斯毯也不遑多让，感慨这是一个经济落后而精神独立心思精巧的国度，老百姓生活平淡但笃实乐观。

非洲大陆广袤资源富足，非洲人聪明机灵，从国内综艺节目里可见，有的黑人帅小伙已经把汉语学到了心口合一的水平。非洲人体魄强健，从奥运百米冲刺中一骑矫捷黑影竟有余力转身回望可以看出其精力何其充沛。非洲人纯朴厚道，路遇时友善一笑，时感温暖。然而非洲还相对落后，对勤奋机变的中国人来讲真是商机广阔。趁发达国家不屑深耕非洲的时候，中非携手合作，假以时日这块土地必将迸发惊人能量，真正成为全球格局中深沉而多彩的一极。

（2014年5月10日）

再见非洲

走出非洲。在机场有很多非洲朋友唱歌跳舞赶来欢送，被热烈场面所感染，他们脸上洋溢着热情，一笑露出洁白的牙齿，身着盛装，鲜艳明媚。歌舞看过不少，但这些跳舞的朋友很多还光着脚或是穿很旧的布鞋。就是这一幕，就是这一双双赤脚和老布鞋，令人感念不已。即使是不会说话的斑马和长颈鹿，也来慢悠悠地在车前方逗留，仿佛老友赶来相送。谢谢！我回家了，让我们相逢在下一个春光明丽、欣欣向荣时。

（2014年5月12日）

虔诚乌兹别克斯坦

到乌兹别克斯坦博物馆参观，随团的乌兹别克族人克里木先生居然是我的老师周作宇教授的学生，聊天倍感亲近，别人远观看我跟乌兹人能聊得很久，以为我外语很好，其实我们说的汉语。

被洒金信笺上虔诚抄写的古兰经所震撼，认真端详了十多分钟，虽然看不懂，但觉笔意空灵隽永，意境阔大。可能是因为大脑处理不了陌生语言，此后头疼了一下午。

在兽皮上的画作纤细生动，看点是除了位于中下部的一位将军之外，其余将军皆是一个面孔的不同瞬间，饶有深意。从博物馆返程路上，还在回味着来自另一种文明的博大深厚华丽。乌兹对自己的文化虔敬耕耘，令任何国家任何人都值得细细品味乃至敬畏。大家都能带着尊敬欣赏的心态和情感去理解学习异质文化，才能真正实现族群和睦。

在乌兹、在中东、在大英博物馆，不止一次地看到古老的古兰经卷轴、花纹古奥的兵器、叙事宏大的织毯，极尽精美华丽。而这些年来，仿佛有人在刻意地妖魔化伊斯兰，渲染所谓的文明的冲突，其用心歹毒。事实上，文明不惧冲突，文明的魅力恰恰在于差异冲突碰撞而诞生的多元、包容和创造。且文明自有自己的福祉，不会被蛊惑人心的邪恶所左右。“9·11”事件将拉登这个名字推上风口浪尖，但拉登并不能代表伊斯兰，不能因为数量很少很少的极端主义人群就忘记数以亿计的热情真挚爽朗的伊斯兰兄弟，就看低一个传承久远、古老精深伟大的文明。

同时，客观而言，伊斯兰在自身的危机公关和跨文化传播方面的建树也有待加强，他们仿佛总是活在自己的世界里，以至于给坏人以可乘之机。久而久之，他们真实的模样就会被他者的转述所替代。从这个角度讲，建议阿拉伯世界迫切需要在全球启动文化巡回之旅，让世人知道他们除了拉登，更有无数伟大的灵魂和不朽传奇。

（2013年11月30日）

财富在哪里？

悬疑：欧洲人的财富去哪里了？

请看：欧洲多数城市基础设施陈旧，经久失修。

居民虽然享有社会保障，国家虽然在支付社会保障成本，但欧洲生活节奏慢压力小且无食品安全问题，真正患大病者又有几何，可推知其总体支出社会保障费用的密度和水平并不高。

欧洲生活衣食成本较低，物价多低于中国，且房价不高。

欧洲人通常开两厢车，油价不高。

欧洲自然灾害不多，军事开支不多，不发射宇宙飞船，居民饮食结构单一，面包牛肉红酒而已，且红酒价格不高。

都说东方比西方穷，但曼谷吉隆坡缅甸斯里兰卡巍峨建筑也有不少。欧洲肯定比亚洲富裕，像样的楼却拿不出几个。综上所述，欧洲人的钱花到哪里去了？美国人的钱又花到哪里去了？是否存在一个未知的预算黑洞，正被某个团体用于不知名的神秘目的。

富于理性精神的欧洲人曾经诞生过马克思恩格斯黑格尔，富于探索精神的欧洲人一直在努力推动粒子级的新能源探索。从美国页岩气浪潮、中东向东转向等迹象是否能够觉察出丝丝新能源世界的曙光？也许有一天，氢能源、粒子发电、人工智能、物联网、生物技术、科学哲学的革命等一同到来，人和周遭世界将完全焕然一新。百多年前的1913年，当人们乘着马车在苏格兰庄园颠簸地行进，谁能想象到今天马匹只是用于观赏和体育娱乐业，没有轮子的车已经飞上月亮。

（2013年11月27日）

布加勒斯特旋律

布加勒斯特，巴洛克时代的老餐馆，水晶灯影里摇曳着施特劳斯的旋律，阁楼的木地板上行过多少欲走还留的脚步，一幅又一幅的光阴交汇于醇红色的窗棂，往日难留，往事难忘，往往来来之间，是谁和谁的身影，一相见，就流连了数百年。

在这家餐馆吃饭，听着现场小提琴四重奏，美味的大棒骨加红酒，六个人吃掉700多元人民币，感觉性价比比北京高出很多，当酒足饭饱带着嘴上流油的满足感在车上高兴地与罗马尼亚司机分享时，穿着西装戴着白手套的司机先生静静地说，您这吃掉的是我一个月的工资。从此我就不好意思在布加勒斯特去餐馆吃饭，而是静静地在住处吃面包喝立顿红茶看材料。罗马尼亚土地肥沃，与东北黑土地很相似，蔬菜油绿肥硕，其间曾委婉地问过当地人这里是否有食品安全问题，我蹩脚的英语加上委婉的提问，使当地人惊讶地确认了好几次才回答：噢，我们罗马尼亚的farmer买不起农药!

在罗马尼亚感觉不到时间的存在，因时隔两年住处附近的体育场还是水泥钢构状态纹丝未动。在罗马尼亚体会到强权必败，喜欢搞个人崇拜的齐奥塞斯库土崩瓦解之后并没有在老百姓心中留下一丝怀念。身在大国快车，有时难免感到疲惫和沉重。然而当远赴异国他乡，感受到陌生人致以善意和尊重的目光，就会真切地意识到祖国正在强大，就会觉得过去所有的辛苦和奔忙，熬夜和加班，开会和争辩，都是那样有用，那样值得。

（2013年11月27日）

越南印象（一）

在河内晚九点熙熙攘攘的灯火里，写下对越南的感受。一下飞机突出的感受是较中国落后很多，而且晚九点这个很适合闲逛的时间却在房间看手机，本身就说明城市的单调。

据说东南亚共同的特点是首都繁华，这里隐含的意思是除了政治经济中心之外，其他地方大都平淡陈旧。河内没有几个像样的大楼，路上都是摩托车，都骑得飞快，摩托上带几个人的都有，带什么货物的都有，带多少的都有。交通警察可以随意罚款，同时车辆也就任意向四面八方逃跑不用太在意交通规则，交警并不急于追赶，原因是跑了一个还有一堆剩下的羔羊呢。听说河内的交警岗位都是很不容易花钱买来的，交警上岗后又努力罚款赚钱，赚钱后还得分一大部分给自己的上司，艰辛自知。这才明白为什么摩托车都飞快，可能是因为怕交警追赶。这不禁令人想起古人所说：以往，鱼挥之即来，今夕为何不复听命？答曰：鱼与人无所忤，故得自在之乐，今居士欲得鱼佐餐，机心动则鱼知人不作善念，焉得不避哉。

河内城市里只有几个大商场，最有名的是个四层的楼，也有一些大品牌进驻，但样式似乎有点保守，听说旧款比较多。还有几十条老街，据说每条街原来都只卖一种商品，现在也比较杂了。请当地同事帮助带路到了老街里比较大的一个市场，一进门空气闷得不行，各种味道，我说这比北京的小批发市场差不少，朋友说这不就是天意小商品市场吗，另一个说你可别糟蹋天意，天意起码是有电梯空调的。大家买了一些菠萝蜜干，30元一袋，我不喜欢甜食，就买了点蘑菇，78元一袋，回酒店后听说蘑菇也都是广西来的，后悔够呛。

河内的平民看上去跟广西人没有什么区别，但男人很多都透出一股生猛感，似乎都好勇斗狠。姑娘有很多都纤丽勤劳，市场里搬运商品和卖货的都是女的，几乎看不到男人。据说这里的家务一律都是女人做，男人很多都有两个老婆，越南人称找小老婆为捞河粉。另外这里的米线河粉确实好吃，而且不贵，一美元好几大碗。酒店的高管是泰国来的，在河内也有个小老婆，每个月回泰国的家一次。我们问那你每个月回家一次，老婆没有怨言吗，他说泰国女人不会埋怨，她会赶紧把这个月自己赚的钱交给老公，赶紧为你做饭按摩，生怕你不回来。以此对比，还是中国社会发展水平高，女性在家庭和社会的地位也比较高，比较受尊重。

据说河内平民的月工资大约在几百人民币，数目并不多，还能再养一个老婆，确实有点匪夷所思。

有的朋友买了黄花梨手串，确实便宜，价格在300元到几千元不等，300元的在国内能卖一千多元。这里的青金石也便宜，20克的只卖几十元人民币，蓝底遍撒金星，在国内起码得300元。泰国商家更喜欢人民币，给他美元他不喜欢，喊着说要“元”。在越南是要美元的多一点。

客观来看越南不可低估，确有发展潜质、后发型优势，勤劳坚韧的妇女和人民也值得钦敬。河内城里散见曲水流觞的情调，越南画家创作的油画有法国浪漫派的影子，也流露出东方空灵润透的禅意，包含着东方人特有的宁静与清愁。另外就是饭也很好吃，文艺水平比较高，有一种乐器把二胡和扬琴结合起来，音色很好听，有南国风情。这两天阅读东盟国家的历史文化书籍，发现很多有趣的事。比如中国人常说某某“大驾光临，蓬荜生辉”，而越南人把这个意思说得很直接，叫作“龙至虾屋”。真是太形象好笑了。蓦然间我也不自觉地把中国人当成龙了。

幸福不是靠比较得来的，幸福在我们自己的内心。然而旅越这几天在不知不觉中自然而然地就在进行比较，说了很多自满的大话，掩饰不住对于祖国发展的热望和情感。这次到泰国和越南，使我更加爱自己的祖国，每当看到这些同宗同族的人和熟悉的植被山水，我就从心里说，有一天所有黄皮肤黑眼睛都会妥帖的自然而然的发自内心的归来，因为大中华一家亲。饮过尼罗河水的人，一定会回到埃及。

（2013年10月19日）

越南印象（二）

唱衰中国经济放缓的论调可以休矣。

夏天以来天热人头脑却发凉，末日博士鲁比尼预测2015年中国经济可能降至6，更有法国兴业银行7月份曾认为极端情况下可跌至3。消极情绪在西方弥漫，巴克莱从大宗商品的角度也在赶紧算账。

居安思危也许无可厚非。但只能说西方人还不够了解中国，人口基数大，发展还不平衡的中国，投资拉动增长的潜力太大了。触目所及遍地都是增长空间，都有增长的余地。就说刚才路上堵车吧，为什么堵车，绝不是车太多了，显然是路不够用，道路拥堵毁的是城市效率、空气质量、市民心态和城市品牌以及全球公众对中国首善之区的愿景。而拆楼还路既是民心所向，又有望以此为契机统筹规划更为阔大完善的新北京，从根本上拉动增长。房地产商一直在给通州新城造势，发出众多软广告，殊不知路的问题不解决，楼盖再多也不能分流主城区的核心资源。仅从交通基础设施看，北京已属发达水平犹有巨大增长空间，其他地区可想而知。

那些忽悠说国际产业分工更多转向菲律宾、越南、印度的人更是别有用心。只能说您还不了解越南，没到河内之前我也预感，或许越南经济很快就会超越中国。到了河内才知道，交警们公然靠罚款谋生，摩托车习惯了以逃跑的速度行驶，男人闲逛女人干活的国民群体，怎么能对接现代制造业？哪个品牌敢把生产线放在河内，绝对是不明智的，管理成本和风险要高出中国几倍。确实，在河内也亲眼看到了日本品牌的工厂，厂房灰蒙蒙的，周边道路很窄，路上连个像样的轿车都没有。对比中国规划宽敞的工业园区，与越南相比似显奢侈，但从对接国际产业分工的气魄来看，显示出产业业态的成熟和规划远见。所以我看大可不必着急，搬去越南的还会再回来，在亚洲流浪过一圈，其实最稳定先进的环境还是中国。当然，从中越关系近年来的现实来看，越南的一些做事方式说明，战后国际关系中可能出现了一种新的准则，就是大国也怕横的不要命的小国。

河内有一座文庙，其实就是孔庙，里面都是中国字。有个老外从里面溜了一圈，要我帮忙拍照并聊了几句，他带着茫然的表情问，这个孔庙在中国也有，但为什么这里的man这么粗野？我当时没听懂rudeness这个词，英文水平不行，等我反应过来，他已经在说别的事了。国民素养命题，在旅行或旅游途中体会尤为深刻。记得在大英博物馆看展览，兴奋地对着天青色冰裂纹拍照，旁边的英国老妇人优雅地用纯正的伦敦腔告诉我：这是不能拍照的，并指了指标识。我惭愧地收起手机认真地道歉，等老妇人到别处参观后，仔细定睛一看，标识下面的一行英文写的是：请在拍照时勿使用闪光灯。到国外心虚到一经提醒不分对错就赶紧道歉。想起导游讲的一句笑话，在国外如果一不小心犯了错误被提醒时，先马上鞠躬道歉，并说一句：撤由那拉思密达。

（2013年10月21日）

文莱同心圆

安静而有秩序的小城市，只有两家小书店，没有烟酒和KTV，这就是文莱首都斯里巴家湾市，这里基本没有娱乐生活，很少有人犯罪，路上看不到交通警察，全民免费教育和医疗，住房有保障，平民一般月薪五千人民币。每家最少有四个孩子（每人最多可以娶四个夫人），天天按时上下班，基本没有加班。平民生活安逸，国王苏丹富得流油，名车两千多辆，全国石油财富归他一人。传说苏丹到北京曾住在香格里拉，对服务很满意，一挥手小费就是二十万美金。

网络传说文莱幸福指数高，人均年收入两万美元。但到这里的实际体会是，就生活舒适度而言，与国内二三线城市差别不大，这里基础设施平平，安静的背后是了无生趣，平民安逸的背后是苏丹暴富。六万人口当中有五千人是苏丹的军队。两万美元确有其事，前提是把苏丹个人的财富也算进去平均了，实际上平民大约五千人民币的收入，养四个孩子和几个夫人也并非易事。家里孩童绕膝，数名夫人暗战，看病上学国家管，谁还有闲工夫思考财富不均和封建独裁。平民和苏丹仿佛已经习惯了互不干扰，相处融洽。

走在椰子树下我常想，是否当人民衣食无忧，也就不去关心财富不均？是否老婆孩子古兰经就是生命的全部？如果中国人到这里生活，也会感到幸福吗？生活安逸是否就是一切？文莱人每天上下班每天祈祷之后，远望山海，又生出怎样的遥思？

历史上阿拉伯人曾经精于数学和天文，猜测多年以前聪明的先知们曾经是有意识地向沙漠绿洲和海岛绿洲迁徙，一是寻找被恶劣地貌所包裹围绕相对封闭但实际上舒适宜居的地理环境，便于普及政教合一的封建集权式社会，制造思想真空和精神绿洲。二是精于商业交换的阿拉伯人肯定意识到了石油的某种用途从而预先圈定了定居场所，后来这些地区的石油资源真的就搭上了工业化的快车，演变为滚滚财源。

但我认为，与其打算移民到文莱这个国家，还不如在自己的国家说自己的汉语有自己的亲戚朋友一起把自己的国家建设好，才是正经。趁晚上会议的间隙写下这段文字，算是回答向往移民文莱的朋友海涛和樱子一家。俗话说百闻不如一见，两位如果能来基本没有娱乐生活和朋友的文莱安心生活上两个月，我愿给你们家洗碗半年。中国“芯”还是适合在中华大地奔腾，尽管累点但觉得此生颇为值得。上述是个人体会，不当之处敬请谅解。

（2013年10月10日）

北京，北京

（一）

雪，下在北京的土地上。

1929年冬天，呼啸的北风里隐约能听得到一声清脆的欢呼，喊声来自这个幽暗的山洞，为了这一句回应，北京人，已经等了七十万年。

刚刚从北京大学地质学系毕业不久的裴文中，借着蜡烛的微光脱下棉袄，小心翼翼地把北京人化石包裹起来，这时候烈性的北风也拐着弯进入洞穴，听来仿佛是祖先发出一声声真切的呼唤。隔着时光悠远的河岸，依稀感受得到第一代北京人滚烫的目光，裴文中弯腰走出洞穴的一刹那，微弓的身形无意间浓缩了史前人类几十万年的岁月。这张照片记录了当时三个北京人之间的故事，当裴文中和北京最早的居民合影的时候，他的搭档王存义目不转睛地盯着来自远古的亲戚，却忘了拍下裴文中激动的表情。当时裴文中25岁，王存义22岁，这批年轻的地质学家身后，是世界唯一保存完整的古人类遗址：龙骨山。

人类史前时期有四位祖先：露西人、爪哇人、尼安德特人、北京人。目前已经证明四位祖先中唯有北京人的影响至今还遍布于地球六十亿人类之中。

1929 年 12 月 3 日，裴文中抱着经石膏加固后包裹好的头盖骨准备送往北平，技工王存义拍摄时太注意“北京人”之头而忽略了裴氏之头，因而只有半个脸（王存义摄）

这批最早的居民们生活在一片绿意盎然、鸟语花香的土地，那时候长安街还是一片浓荫蔽日的原始森林，天坛坐落之处是烟波浩渺的永定河畔，在首都机场起飞和降落的是到湖泊来沐浴的候鸟……这里孕育着人类最早的田园诗，但是也处处隐藏着突如其来的杀机：比人类更高大威猛的鬣狗，它们一度是龙骨山山洞最早的主人，芬芳的野菊花丛里很可能埋伏着狰狞的剑齿虎，还有体型硕大的洞熊，它们总是张牙舞爪地和人类争夺野果。目前记录在册的四十多位早期居民中，近三分之一死于十四岁以下，与他们匆忙脚步并列的是数以万计的石器。生命也许很脆弱，但是生命的历程却是那样的伟大。这些饱经磨砺的石头们见证着人类的智慧和勤劳，他们坚韧不拔的风骨早已融进这片土地，融入中华民族乃至更多人们的血液中，在亿万双黑眼睛、蓝眼睛里倔强的闪现。

温暖寂静的龙骨山，空气里潜伏着不知名的神秘微笑。这里为地球文明提供了一个历久弥新的坐标，如果回到这个原点，全人类都是亲如一家的兄弟姐妹。曾经飞越千百个世纪的风云雨雪，在这里定格为寒冷或者温暖的年轮，曾经在炎热的森林里乘凉的猎豹、在寒冷的冰原上看雪的大角鹿、在雨季的彩虹下唱歌的云雀，还有迎着火辣太阳飞翔的秃鹫，它们都前赴后继地到来又纷纷告别了这片土地，只有人类从山里走到山外，又从山下搬到山顶，沉默的岩石上有他们留下的温暖涟漪。年复一年。到了山顶洞人时代，山下的坝儿河已经是一条孱弱的小溪，秋天里常常干涸，以前经常捕到大鱼的湖泊变成一个个小水塘，生长着比鱼叉还要纤细的青鱼，远处平原的沙土多了起来，鸵鸟不知道是从什么时候起开始安营扎寨的。数十万年以来，人类安之若素的生存繁衍，凭得又是什么秘密武器呢？

从两层楼高的灰烬层里，考古人员发现七十万年前这里的人们就在使用火。现代实验证明，很多动物对火的反应一般都是恐惧而避开，一些具有趋光性的昆虫因为偏爱追逐光而投火自焚，唯独人能利用火来为自己服务，从而在无边的宇宙点燃了文明的火种。

在这里居住的史前居民，是目前发现的世界上最早的用火者。恩格斯曾经说："就世界性的解放而言，人工取火的进步超过了蒸汽机。"从使用火开始，人类真正获得了独立于天地之间的力量，他们开始在大陆上满怀激情的生活。为了加工人类历史上第一批首饰，有人明知山有虎偏向虎山行，有人在一百公里以外找到赤铁矿脉，采集矿石、磨成粉末，还有人从二百公里之外的地方拿回美丽的贝壳，考古人员甚至挖掘到了五百公里以外才有的蚌壳，可以想象，在荆棘遍布危险四伏的远古，人们是怎样热切的点亮希望，追寻自然和生命的奥义。

给这片土地带来灵感的，除了大陆的树木，还有海潮的湿度。这些硬邦邦沉甸甸黑黝黝的器物，记载了亘古以来人类深沉的期冀和无言的甘苦，见证着他们在大雨滂沱时的坚韧步履和漆黑寒夜里的孤独行走，他们粗糙的手里传来的温度，连接着大地无声的召唤，成熟谷物的馈赠，以及在最苍茫的雪天无法解释的太阳光亮，这里也曾经聚集着等待亲人的焦虑，以及那再次战胜了猎物的无言的喜悦，隐含着分娩时候的阵痛和死亡逼近时的战栗。

山顶洞人的房间里，珍藏着人类历史上最早的缝纫工具，这是一枚用猎物骨头制作的针，骨针长82毫米，即使最粗的地方直径也仅有3.3毫米。围绕这根骨针，北京师范大学地理学院曾组织过一次有趣的实验，教授们邀请三十名大学生来到龙骨山，每人发三枚大小相似的鸡骨，要求使用最原始的方法加工成骨针。用自己的双手经历过，大家才发现生活不简单，创造很艰难。

（二）

王府井古人类文化遗址产生于旧石器时代晚期，距今两万多年，遗址地块东西两面墙上的大型壁画，真实再现了古人类狩猎、制作工具、烧烤食物的生活场景。据记载，遗址被发现时，这里的土层曾是殷红色，如同蒙昧初年被火种照亮的晚霞一样神秘而令人激动。漫长的岁月已经带走了太多遥远居民的痕迹，只剩下零星的丝织品碎片，静悄悄地传递着一个哲理，那就是往古来今之中，人的进步离不开激情如火，但是同样需要心怀锦绣。大量精美的色彩各异的器皿和饰物遗存表明，灿烂文明的华章总从色彩斑斓的传说开始。公元前4000年，当两河流域的居民们开始欢庆丰收的时候，华夏文明的版图正在一场大战中落定乾坤。古代经典《列子》和《史记》都记载了黄帝、炎帝以及蚩尤的军队在这片寂静的山岭间轮番厮杀，遮天蔽日的旌旗和战火笼罩着曾经花潮如海的土地，连狼熊虎豹都参加了战斗。黄帝战胜之后就在北京一带建都，紫禁城御花园里这株千年古柏，传说是他亲手栽种的。后来炎黄子孙们尊称黄帝为轩辕氏，在当年黄帝擒获蚩尤的古战场，曾经建立起一座轩辕台。直到4700多年后的冬天，大诗人李白经过这里，看到银装素裹的大地，像一匹柔软的绸缎，写下了著名的《北风行》：燕山雪花大如席，片片吹落轩辕台。这里的雪化为湖，湖又化为城市，城市又化为历史，沉静地积淀了许多帝王将相的传奇，以至千载之下，犹有浩气凛然。

北京平谷区山东庄村西的渔子山传说是黄帝长眠之地，这里一到春天就盛开漫山遍野的桃花，仿佛为了表达天地对圣人的敬意。白云幽幽的翅膀下面，仿佛可以看见当年战败的炎帝静静伫立。他的子孙们后来有一部分辗转去了东北扎根，却经常恋恋不舍地往来于这片故园，一度在中原地区流行的青铜短剑，只有北京的把手上装饰有桀骜不驯的鹰头马首，成为炎黄子孙血浓于水的见证。到了舜的时期，炎帝的后代共工氏流浪到这里带领人们开垦种植，被奉为水利之神，他的儿子后土被人们奉为土地神。那是传说中的大同时代，华夏先祖以百里之国而王天下，在后人塑造的炎黄巨像的脸上，我们还能分辨出他们有着父辈一样的表情，斜阳下两方高大的身影巍然屹立，仿佛镌刻在千古的风里。此景此情，令炎黄子孙们每到思绪纷飞的时候总要动情地说一句：“黄天后土在上”。

被称为三代之英的周武王也是对北京这片土地情有独钟，推翻商纣王之后，他册封最信任的召公到这里称王。这时候是公元前十一世纪，气势恢宏的西周王城已经在黄河之滨的洛邑矗立，召公和周公负责绘制的洛邑王城图是世界上已知最早的城市规划图，洛邑建成后，召公又马不停蹄地回到永定河畔的燕国筑城，此后400年，罗马才轰轰烈烈地开始兴建城市。

（三）

如果从有了“蓟城”这个乳名算起，北京城已经行过了3000岁。传说“蓟”是北方春天最早钻出地面的植物，《抱朴子》中曾经提到这种叶子宽大的植物是一种仙药，吃了可以长寿。中国最早的地理学家郦道元就出生在这片广袤的土地，他在《水经注》中说，蓟城因蓟草而得名。对蓟草津津乐道的还有北宋大科学家沈括，他来到北京实地考察之后，在《梦溪笔谈》里郑重地写到，此地蓟草特大，如同车盖。在青石板和红砖墙之外，蓟草织成的图画从燕召公的行宫一直绵延到乾隆的御书房，这是公元1751年三朝元老张廷玉的儿子张若澄敬献给乾隆皇帝的作品，雕栏画栋，云烟飘渺，人群络绎，绿草晴岚……那时古老的城墙根一到春天就绕满了郁郁青青的蓟草，小月河沿着元代的石阶蜿蜒到紫禁城下，两岸垂柳成行，引得十八世纪的京城百姓流连忘返，也让金章宗龙颜大悦，御笔一挥落下四个大字“蓟门烟树”。

推开春秋时代的蓟城门，准会遇上很多行色匆匆的旅人，他们或是牵着高头大马，或是肩上背着长串的腌鱼干，有的讲着流利的关东话，有的臂上刺着凶猛的兽面，这是因为北京城坐落在北方草原、东北平原和东方滨海走廊三条道路的交汇点，战争时期是兵家必争之地，和平年代又成为古代各族友好往来的中心。从古城楼远望水势汹汹的永定河，有多少风尘仆仆的人们纷至沓来，为这里注入了千变万化的生机，使古老的城市受用了几千年。

侯仁之先生曾说："几千年前河北平原上河网密布湖泊众多，是南北往来的交通障碍，那时候中原地区的先民到达北方只能沿太行山东麓一线的高地行进，于是形成太行山东麓的南北大道。当人们沿着这条路北上来到永定河畔首先要在永定河古渡口渡过永定河，然后道路分叉，一条路向西北通过居庸关大道可直达蒙古草原，一条路向东北通过古北口大道可进入燕山腹地和松辽平原，还有一条路向东通过山海关或喜峰口可达东北各地，称山海关大道。蒙古和东北各地先民同中原交往要必经上述道路，就必经北京城，一般说来交通枢纽所在地最容易形成大城市，但是永定河河水不稳定，夏秋季节经常暴涨，人们所以选择了距永定河古渡口不远，又有莲花池作为水源的地势稍高的地方建立居民点。"

据《水经注》记载，莲花池早在春秋时期就是燕都蓟城的风景胜地。那时候北边的山戎部落粗犷强悍，东边的肃慎族人面孔白皙而性格豪放，附近的孤竹国是和伯夷叔齐一样热爱和平的老实人。周围的各族先民来到莲花池饮马闲庭信步而后又奔赴五湖四海，他们的身影不知不觉也融进了这座城市宏大的民族融合画卷中，成为华夏大地深处流动不息的风景。

（四）

那是一个崇尚建功立业的时代，地球的另一边，波斯和希腊的战火刚刚熄灭，在东方大陆星罗棋布的城池里，对着地图踌躇满志的君王们都在酝酿着新的战役。蓟城的将士们也在厉兵秣马，自从召公驾鹤西去以后，这还是数百年来唯一一次大规模的军事训练，下达命令的是召公的第三十八代孙：燕昭王。

燕昭王登上王位的这一年，燕国刚刚经历过一场严重的内乱，临近的齐国和中山国军队趁机洗劫蓟城，占领了边境的城池。同时，秦国已经攻取楚国重镇召陵，又接连在濮上击败齐军，如果沿着古华北平原策马北上，三天之内就能逼近蓟城。面对四面八方的军事威胁，燕昭王没有退避三舍，而是走出都城，迎着秦军到来的方向筑起一座高台。

燕昭王的大手笔令后世的学宫祭酒荀子敬服不已。他在《劝学篇》中写道：“吾尝跂而望矣，不知登高之博见也。登高而招，臂非加长也，而见者远；顺风而呼，声非加疾也，而闻者彰。假舆马者，非利足也，而致千里……”同一时代的世界各地都曾出现过高台性质的建筑，从非洲和美洲的大金字塔到西亚的山岳台，大都是为了膜拜神而建造，相比之下，燕昭王所谓的高台相当简陋，但是却展示着顶天立地的刚健风骨，它被后人尊称为：黄金台。

王者之风，山呼海应。一时之间名将乐毅、剧辛，谋士邹衍纷纷不远千里闻风而来，燕昭王甚至把女儿许配给了从洛阳赶来的大纵横家苏秦，这位鬼谷子的高徒和齐宣王一席谈话就为燕国要回十座城池。人才济济猛将如云的蓟城经历了一段艰苦奋斗的岁月，那时候燕昭王穿着和平民一样的布衣草鞋，经常走出王城参加劳动，等到山谷里的桃花足足开过二十个轮回，燕昭王任命乐毅为上将军，率领五国联军攻打齐国，这一仗打得酣畅淋漓，以滥竽充数的典故闻名于世的齐湣王一败涂地，齐国的竹子被挖回来种在蓟城之外的山坡。

燕昭王身后留下了一个完美的纪念碑，但是对于这座古老的城市来说，它可能只是一个逗号（由古咸阳到邯郸的行军路线，地图上恰可看到一个逗号）。为了制造下一个扣人心弦的章节，秦国等了六十年，才趁着赵国大地震的机会起兵攻克邯郸，剑锋再度指向黄金台。历史仿佛画了一个圆圈又回到这里，燕昭王的孙子选择的不是在这里招贤纳士富国强兵，而是在不远的地方为樊无期和大剑客荆轲另起炉灶筑了高台，这个年轻王子自以为独辟蹊径的时候，并没有意识到已经犯下一个致命的错误，因为他的敌人不是沉迷于美酒笙歌的齐湣王，而是铁定了心横扫六合的秦始皇。

（五）

每到千钧一发的关头，这里总会上演轰轰烈烈的故事，樊无期慷慨奉献出自己的头颅，荆轲大踏步地走出城门，这一天风疾水冷，空气里所有的热情都寄托在荆轲的剑上，与他同路的勇士秦武阳就出生在离黄金台不远的地方，他的祖父秦开曾经把东胡军队打退了数千里，送别荆轲的高渐离也是从小枕着蓟草看云的本地人，他奋力击筑的音节随风萧萧兮镌刻在了数不清的传说里，这骊歌横亘在蓟城和咸阳之间，从关中到中原，从黄河到燕山，铿锵的节拍打湿了历史的眼帘。一曲传奇行过之后，在悲情与荣耀之间，分明是谁的手在拨弄着琴弦？黄金台不会说话，它静静地站在这里，和沧桑的历史交织为一个感叹号。

大文章刚刚拉开序幕，大手笔不断涌现，七百年之后的郦道元从这里出发把山南水北读了个够，又回到蓟城的书房里写作了《水经注》；九百年之后的陈子昂是个外乡人，但是他的传世名作《登幽州台歌》是献给这里的。李白也曾经来到这儿仗剑远望盛唐，他身后跟着倔强的贾岛，从黄金台旁边的小路一步一步地推敲到长安。后世的皇帝们也是纷纷追慕先贤，有的把黄金台建在城市里最繁华的地方，有的甚至直接修在了八旗练兵场，奋发精神像金子一样在城市里闪耀不息，直到21世纪的第一个冬天，北京市政府决定投资建设大CBD区，当挖掘机工作到这里的时候，发现有一块近三米长的石碑，上面刻的是清高宗乾隆皇帝工整的四个大字：金台夕照。

（六）

时光的马蹄给这座沉静的城市带来了数不清的绝妙风景，穿着长衫的才子佳人们在陶醉的同时总免不了要品评高下。直到金章宗和乾隆皇帝以天子的身份来凑上个热闹，“燕京八景”才宣告浮出水面接受天下人的检阅。它们按姓氏笔画为序分别是：太液秋波、玉泉趵突、卢沟晓月、西山晴雪、金台夕照、居庸叠翠、琼岛春阴、蓟门烟树。在今天的故宫博物院，收藏了很多描绘燕京八景的名作，帝王有帝王的道理，画家有画家的甘苦，其实最难画的永远是年纪最大的山河，如果按辈分算起，蓟门烟树、金台夕照和居庸叠翠高居前三名，它们在公元前就已经声名显赫了。

为了锁住这些美丽的画面，燕昭王家族沿着燕山修筑千里长城，给蓟城北方披上了一身新月形的铠甲，这里山崖峻峭层峦叠嶂，山花野草葱茏好像碧波翠浪，后世称为居庸叠翠。站在烽火楼上放眼望去，北边的草原生活着逐水草而居的牧人，东面崇山峻岭大河之滨的人们以渔猎为生，南边的广大土地则是靠耕田织布过日子的中原先民。风和日丽的时候，这里如同天然的屏风，同时舒展开三幅田园画卷，而每逢天灾人祸，牧人和猎人就会试图冲出来寻找新的天地。一望无际的雄关漫道最早是由土和石头垒成的，夏秋季到来之后，从很远的地方就能望到一片绿意淋漓，这一簌簌而下的落英，可能恰好是牛羊们望眼欲穿的美食。在山顶防线上把守的士兵知道，每当有成群的牛羊大摇大摆地溜过来吃草，那必定有山戎、东胡或者匈奴的战马正在逼近。

有时候历史就像一个沙盘游戏：北边的牛只知道向前消灭绿色，南边的牛只为了来回犁地耕田，矛盾最终要靠马的驰骋来解决。也就是说哪边的战马雄壮，哪边士兵能驾驭马跑得更远，哪边就将决定地盘的归属。如果想要南边的马拖着犁杖来回散步，那么只有靠人的力量筑起比马更高的长城，才能抵消北方的优势，保卫自己的家园。

2000年前的烽火，曾经也在地球两边彼此辉映。几乎同一历史阶段，人们都想到修筑长城用于军事防御。爱琴海一侧的古希腊人曾经在雅典到海滨港口之间的道路两旁修建长墙以保障交通运输线，广袤的古罗马帝国边界也陆续修建了近千里的边防长城。今天只有这里：北京长城依然坚如磐石，因为它不完全是军队的防线，同时也是大自然的气候边界。

雨，从数千年历史的上空洒落，在青铜色的400毫米等降雨线上垂下一道空蒙烟云。一边是大漠孤烟直长河落日圆，另一边是四围香稻九夏芙蓉三春杨柳，一边是进攻者的雄姿，另一边是防御者的伟大，一边是中原先民可歌可泣的史诗，另一边是北方勇士壮阔的精神锋芒。无论从哪一方面看去，长城都是骄傲。

（七）

英文里把长城称作GREAT WALL，意思是宏伟的墙，这是一种平面的视点，它把长城看作是一座文化丰碑。中文把长城叫作城，城的背后意味着立体的视点，它把长城看作一方家园，一个和谐的生命体。而如果再换一种视点，以飞鸟的姿势俯瞰这片土地，就会发现长城的本质是：道。长城是一条贯通天地，纵横古今的中华大道，它沟通着文明，启迪着未来，收藏着华夏文明的不尽奥妙。长城内外的君王们大都把北京看作是军事防御或进攻的前沿，他们一旦放下患得患失的情绪，就会惊奇地发现，这里正是中华文明大融合大崛起进程中的战略重心和精神支点，由这里伸展出大大小小的同心圆，交汇成今天生生不息的时代传奇。

长城本质在于：道。

北京精神在于：和。

物换星移光阴荏苒之中，北京犹如一把历史的折扇，一边是塞北的铁马剑气，一边有中原文化大风，徐徐吹拂到今天，给这里的一草一木、一砖一瓦都注入了浓浓的古今情、赤子情、中华情。在中华大地上没有一个地方像北京一样见证了几乎所有的重大历史变迁，也没有一个地方能像北京一样能够广泛而大量地吸纳来自各地的文化精华，这既需要有深厚的文化底蕴，又必须有一种广为吸纳的宽广胸怀，四面八方的潮流急促涌来，是拒绝抵抗还是选择吸纳，这本身反映了一个城市代代居民的气度和胸襟，他们以特别开阔的胸襟和浩大的气度吸纳了四面八方的文化，并把它们投入北京熔炉。

《盐铁论》谈到天下名都的时候，曾把这里排在了第一位。那时候还是2000年前，北京就已经富冠天下，成为一颗闪亮的北方之星。后来出土的很多官印证明这里很早就是一个接受制度管理的有秩序的城市。居民们有的种桑养蚕安居乐业，有的心灵手巧冶铁制陶，这田园诗一样的城市曾经被大才子曹植刻在少年的浩然之梦，也曾经被庾子山揽进秋天旷达的记忆。这里的人们自古勤奋好学，志向远大。有的为了学习殡葬的礼仪不惜长途跋涉，有的去邯郸学步直至忘记了自己本来的步法，还有的远赴他乡去执掌秦国相印，远方有陨石降落的时候，人们特地送到这里锻造成铁剑，即使是秦王嬴政需要长生不老药，被委以重任的也是这里的故人。丰收在望的时候长城内外曾经一片五彩斑斓，用一片蓟草吹成笛声的牧童骑的是本地盛产的白马，燕明刀最远处流通到了朝鲜和日本，车水马龙随风远扬，漫山遍野的板栗树一直舍不得离开这片故园。

据说这里除了以铠甲闻名于世之外还曾经盛产牛角，被古代公推为制造弓的第一原料，但是终究都没有挡得住秦国的长弩。公元前226年，秦王嬴政派大将王翦攻入城门，青青蓟草被奔马无情地踏成了尘泥。当年星罗棋布的城邦之中，这里最后一个被插上秦国的黑旗，周天子分封时代从此结束。在地球的另一边，亚历山大时代也已经终结。远远地望着硝烟弥漫的故乡，高渐离隐姓埋名唱着悲歌四处流浪，后来到底还是因为善于击筑惊动了秦始皇，嬴政爱惜高渐离的才能恭恭敬敬地请他表演，这位天才的音乐家面对一代帝皇微微一笑，像荆轲一样举起了手里的乐器。

高渐离被处死之后，秦始皇忽然感到一种莫名的不安，他把燕昭王修筑的长城和北方的长城连成一线，又从咸阳修筑驰道直通蓟城，这里谢绝了络绎不绝的南北旅人，开始被重兵把守戒备森严。一批又一批的士兵被从四面八方轮流征调、苦不堪言。直到有一年夏天，千里急行到蓟城的九百勇士在路上遭遇了一场滂沱大雨，他们在咸阳和蓟城之间进退两难的时候，有两个人举刀杀掉了押送士兵的将领，命令军队调转方向，将长矛重又指回：咸阳。

（2007年5月18日，纪录片《北京》第一集解说词初稿）

台 湾 往 事

（一）

19世纪，当工业革命风行欧洲大陆，当封建中国的皇帝还在做着天朝上国的迷梦的时候，另一个岛国正在隔着茫茫沧海注视着他的疆土。

如果把历史的指针拨回到百多年前，也许没人会注意到在汪洋之中破浪行进的小渔船。但是1871年的冬天，就是两艘普通的渔船开启了两个国家之间百余年的恩怨情仇。这两艘船只是清王朝属国琉球的渔船，他们在中国福建省台湾府附近的海面行驶。途中突然遇到飓风，一路漂流到台湾东岸。其中有一艘在台南触礁沉没，另一艘船里的渔民被路过的船只救出后送到台湾海岸，劫后余生的琉球渔民又和当地居民发生了冲突，其中有的被误杀，另外12人逃脱后被送到福州，当时的清政府给予抚恤并将他们送回了琉球。

时光悄然而过，令人始料不及的是中国境内这一起普通的民事纠纷案件竟引来东邻日本一系列不寻常的举动。1873年，日本专使柳原前光到达北京，就两年以前发生的属于中国内政的误杀琉球渔民事件向当时的清政府提出质询。

柳原前光是以公开身份到达北京的，但是就在他到达北京的前两个月，另一个日本人也秘密抵达上海，他就是日本陆军少佐桦山资纪，这个青年军官的任务是专门组织在华的日本留学生分别潜入中国大陆和台湾搜集情报。

清王朝的官员们更不知道的是，当时远隔重洋的日本明治政府早已秘密制定了以征服中国为核心内容的大陆政策。日本关注琉球，意在台湾。

当时的总理衙门吏部尚书毛永熙反问柳原前光："台湾和琉球都是我国国土，我国国民的事情应该由我们自己管，有什么理由劳贵国过问？"柳原前光并不死心，他接着厚颜无耻地问，贵国只知道抚恤琉球人，那台湾人该怎么办呢？

毛永熙说，琉球是我的属国，跟你们没关，我们自己可以解决。

强盗自有强盗的逻辑，1874年4月，日本政府竟然宣布设立"台湾事务局"，并任命陆军中将西乡从道为台湾事务都督，出动兵力3600人，在美国人员和船只的帮助下大举进攻台湾。

就在日军启程侵略台湾当天，日本陆军少佐富岛九成将日本政府的一份照会递交给他早年在厦门的同学李仲霖，李仲霖紧急将照会交到了闽浙总督李鹤年的手上。

1874年4月8日，清政府闽浙总督李鹤年收到照会后立即向日本方面声明，琉球、台湾均属中国领土，并要求日本方面立刻撤兵。

在北京的清政府也立即照会日本外务省，提出强烈抗议，同时立即任命福州船政大臣沈葆桢为钦差办理台湾等处海防。

这时候，已经有一小股日军在台湾秘密登陆，他们以侦查为名深入山谷村庄，立即遭到当地居民的围剿。1874年5月22日，日军侵入四重溪庄侵犯原住民聚居的牡丹社，受到原住民的拼死抵抗。这就是台湾历史上著名的“石门之战”。在这场战役中，日军动员了近1500名荷枪实弹的士兵与400余位手无寸铁的平民展开战斗，一向标榜勇敢刚毅的日本军队甚至动用了大炮，但是牡丹社居民保卫家园的时间依然长达5天。

在日本加紧进攻台湾的时候，清政府没有就近调动邻省福建或广东的军队，而是将在江苏徐州驻扎的淮军洋枪队近7000人调往保卫台湾，这是当时的清政府最精锐的部队。

同时负责台湾海防的钦差大臣沈葆桢也火速到达台湾。他立即征兵设防，调淮军洋枪队5000人驻守凤山，调军舰驻守澎湖，并请示清政府、凑出白银20万两，加紧征兵，还赶铸大炮10尊。

在清政府全力保卫台湾的巨大压力下，已经登陆的日军深感处境艰难，但他们知道如果被动撤退，日本将无法从这场战争中得到任何利益。因此，日本主动派出柳原前光出任新的驻华公使，与总理衙门谈判退兵事宜。1874年7月31日，当时只有25岁的柳原前光到达北京，清政府总理衙门立即向他严正指出：“台湾少数民族都接受郡县管辖，中国对他们的管理税收记录在台湾府志上历历在目，即使说他们野蛮也该是中国人自己的事情，就算是有罪也应该由中国人自己来查办。”

柳原前光到底还是年纪轻轻，在公理面前无言以对。他犹豫了片刻，竟然以无赖流氓的口吻说，如果日本在台湾就是不退兵，那中国究竟打算怎么样呢？总理衙门立即严正驳斥，谈判破裂。

当时的日本侵略者其实还实力有限，侵台日军损失日益惨重，年轻的柳原前光在谈判桌上也是越来越难以支撑局面。一个月后，老将出马了，日本新任命的全权大臣大久保利通到达北京，与总理衙门重新谈判，清朝官员等待他的是数十卷台湾少数民族的纳税证明。

总理衙门再次严正重申，牡丹社等地历来是中国领土，并斥责日本侵犯台湾违背了中日订立的《修好条规》。大久保利通看看没有空隙可钻，又表示中国如果设法使日本兵不至于空手而回，日本就退兵。

事情还远未止于此，大久保利通还提出两项苛刻要求，一、中国必须承认日本进攻台湾是保民义举，二、中国必须赔偿日本军费200万两白银。

清政府断然拒绝了这样的无理要求。

一贯妥协忍让的清政府在台湾问题上表现出来的坚定、强硬，令西方国家感到震惊。列强们更担心清政府会借这次日本侵台事件重新关闭他们得来不易的台湾口岸，导致以后他们不能共享台湾。于是，美国、英国、法国三国驻华公使密谋后，借出面调停的时机向中国施加压力。

这时，沙俄趁机出兵强占伊犁，中国西北边疆一时危机四伏，陆防海防东西难顾。清政府为息事宁人，避免冲突扩大，在列强的压力下，最后终于被迫作出让步。

1874年10月31日，恭亲王奕䜣代表清政府，大久保利通代表日本政府在北京签署了《北京专条》。一个月后，日军撤离台湾。这是一个是非曲直颠倒的不平等的条约。日本赶忙抓住了来之不易的机会。第二年，日本政府就召见琉球三司官池城安规到东京，逼迫琉球与中国断绝关系，改归属日本，被池城安规拒绝。

同年6月，日本侵占琉球，强迫琉球国王尚泰改奉日本年号，遵从日本法律，并改派日本留学生到东京读书，琉球国王拒绝接受。

9月，日本悍然对琉球发布最后通牒。

琉球国王尚泰遇到了前所未有的民族危机，他一面恳求日本，一面派密使前往福州求助，因为中途遇风，两名密使直到1877年春天才到达福州。而这时的日本已不是当年的日本。军国主义的战车一旦运转，就不是公理可以阻拦的。1879年2月，日军突然登陆，将琉球国王尚泰强行挟持去东京，一个月后，日本正式吞并琉球，改琉球为冲绳县。

冲绳，这个名字意味深长。

（二）

薄雾中，暗色调的海水怒潮涌动，水势浩荡不可抑止。浪潮声淹没了海鸟的叫声。

1879年春天，日本吞并中国属国琉球，改琉球为冲绳县。

在北京总理衙门的官邸里，北洋大臣李鸿章得到这个消息时，他把冲绳这两个字写在纸上，端详良久。

这时，整个清王朝都开始忧心忡忡，因为日本吞并琉球，意在控制中国的另一个属国：朝鲜。

琉球被日本吞并后，朝鲜事务开始转由北洋大臣李鸿章直接督办，刚刚接手朝鲜事务，李鸿章就在一封致总理衙门的信中提到：琉球既为所废，朝鲜有撮火积薪之势。

清政府总理衙门防御日本的紧迫性和日本对朝鲜的打算恰成正比。

15年后一个夏天的黎明，尚在睡梦中的朝鲜国王李熙在朝鲜王宫被日军挟持，随后，以朝臣李罡为首的傀儡政权粉墨登场。

这天中午，日本联合舰队紧急开赴朝鲜群山湾。

同一天，总理衙门也增兵朝鲜，当清政府战舰济远号、威远号、广乙号顺利运兵抵达朝鲜牙山时，一个酝酿已久的阴谋正在渐渐向他们逼近。

1894年7月25日，济远号、广乙号战舰启程回国，当船行驶到丰岛海面时，遭到日本联合舰队三艘快速巡洋舰吉野号、浪速号、秋津洲号的突袭。

7月28日，驻守在成欢驿的清军聂士诚部也遭到日本陆军的猛攻，聂士诚败走平壤。

这一天，是光绪皇帝23岁生日。

不久，平壤失守。1894年8月1日，中日双方正式宣战。

日文诏书留下了时任日本天皇的陈述：经过深思熟虑，从清国所为推断其目的，朕明白清国一开始就是要牺牲和平满足其野心。朕虽希望以和平方式向外宣扬我帝国的光荣，但事已至此，只能公开宣战。

这就是所谓的公开宣战。1894年9月17日，日本联合舰队在中国黄海大东沟附近发动了对清政府北洋舰队的突袭，经过5个小时激战，日本舰队先退出战场，战斗在不分胜负的情况下结束。

但是日本画家于1895年绘制了一幅所谓黄海海战日军大捷图。

后来，北洋舰队不幸全军覆没。

日军从此在辽东战场不断获得战争的主动权，11月，大连、旅顺失守。日军所到之处，烧杀抢掠，无所不做。

在日军登陆刘公岛的1895年2月，一个名叫赫德的英国人感慨万端地说：中国，这个硕大无朋的巨人，有时忽然跳起，打个哈欠、伸一伸腰，我们以为他醒了，准备看他做一番大事业，但是过了一阵，却看他又坐了下来，喝一口茶，点燃烟袋，打个呵欠，又蒙胧地睡着了。

从1895年3月20日起，代表清政府的直隶总督兼北洋大臣李鸿章在日本马关的春帆楼与日本政府的全权代表伊藤博文、陆奥宗光举行了28天的会谈。在双方谈判进程中，日本居然派军队先期占领澎湖。事后在谈判桌上，伊藤博文才告知耄耋高龄的李鸿章。

李鸿章经历过与西方国家大大小小许多次谈判，但是同日本这样的国家谈判，他所遭遇的惊心动魄是前所未有的。

在马关，李鸿章竟然还遇到日本右翼团体成员的行刺，子弹击中了他左眼窝下1厘米处，伤口横向直径达8厘米，上颚骨被子弹击碎。

日本政府对李鸿章遇刺深感恐慌，一怕李鸿章借机回国，二怕造成第三国干涉的借口。因为李鸿章位高望重，又年迈古稀，极易博得世界的同情。

伊藤博文提出："为了防备第三国借机插手，必须安抚中国，特别是要安抚李鸿章。"

陆奥宗光说："安抚的最好办法是同意无条件停战。"

第二天，陆奥宗光告诉李鸿章，日本天皇已经同意停战。

据陆奥宗光的回忆录记载，当时李鸿章听后，"绷带外面仅露出的一只眼睛，表现出十分高兴的神情"。

两天后，中日双方签订了停战条款，但台湾、澎湖列岛并未包括在内。条约规定，停战期限为3周。如果停战期内谈判决裂，停战就此终止。

中国钦差大臣无端遇刺，换来的只是21天的休战。

1895年4月，日本强逼清政府在日本马关春帆楼签订《马关条约》，宝岛台湾被割让给日本。

（三）

《马关条约》签订，举国震惊。消息传到北京，不论王公贵戚还是将士官兵、文官武官、商人百姓同声反对割让台湾。

1895年，正在北京应试的广东举人康有为号召在京的十多个省的举人千余人联名上书光绪帝，结队请愿要求抗战。史称公车上书。

当年康有为起草上书的地方松筠庵位于宣武门外达智桥胡同，最早曾是城隍庙，后来是明代忠臣杨椒山先生的祠堂。当时正值蒙古大军围攻北京，权臣严嵩不予抵抗，派仇鸾与蒙古妥协，建议与之互开马市。杨椒山坚决主张抵抗，上书《请罢马市疏》弹劾仇鸾的卖国行径，却遭到仇鸾的诬陷，被贬为陕西临洮府狄道县（今甘肃临洮）典史，后来被严嵩设计杀害。杨椒山的刚直正义为后人所景仰。清代吴应棻在《请罢马市疏》和《请诛贼臣疏》卷首题字：千秋碧血。

千秋碧血一语，用在台湾抗日史上也极为合适。

马关条约一到，台湾民众的呼声一样惊天动地，许多台湾乡绅写下了血书。

1895年5月10日，李鸿章的儿子李经方受命担任清政府办理台湾交接的专使，慑于台湾同胞反对割台的巨大声势，李经方不敢登岸，在基隆港外海面的日本军舰上办理交割台湾的手续。

前来交接的日本官员，就是当年曾受日本外务卿指派到上海搜集情报的桦山资纪，他同时被任命为首任台湾总督。

从此，日本走上了国力的巅峰，但同时也埋下了法西斯的种子。

（四）

1885年，台湾建省，成为当时中国第二十个行省，1888年，台湾巡抚刘铭传首先在台北府使用蒸汽机发电点亮电灯，把台湾的未来照亮。到1895年，台湾人口已经有320多万人，农业手工业发达，商业贸易一片繁荣；台北到基隆、台北到新竹间的铁路已经建成通车；电报线北接基隆，南到台南，再从海底经澎湖通达福建厦门。

在省城台北，一些重要街道已经装上电灯、自来水，这些跟当时的内地各省相比，毫不逊色。那时的台湾总体社会经济已经超过日本明治时代的水平，是一座名副其实的宝岛。

1895年，日本强迫清政府签订《马关条约》，割让台湾。当宝岛面临沦亡日本、山河变色的关键时刻，百多年前的台湾民众没有数典忘祖。

1895年5月15日，以丘逢甲为代表的台湾地方绅士在台北筹防局集会，决定自主抗日保台。他们电告清政府有关当局，表示：“台湾属倭，万民不服。”

5月21日，丘逢甲等人再次集会，决定为捍卫中华统一而成立台湾民主国，推台湾巡抚唐景崧为总统，抗法名将刘永福为大将军，丘逢甲担任台湾义军首领。5月25日，台湾民主国正式成立。

这天上午，台北城区万民空巷，丘逢甲、林朝栋等率领数千民众在台湾巡抚衙门集会，拥戴巡抚唐景崧为台湾民主国总统。

台湾民主国的国旗是蓝地黄虎旗，它与清政府的青龙旗相对应，虎在地上仰天朝向天上的龙，作驯服状，表示心向大陆，臣服于清廷。

上任之前，唐景崧就发布公告，张贴告示，发行各种票证，为长期抗日保卫台湾作准备。

百年前的朝阳下，唐景崧穿着清政府的朝服庄重地走出来，向着北京的方向行九叩首的大礼，宣布改年号为永清，表示台湾永远属于清朝。台湾民主国各文武官员对内仍按清朝的官衔称呼，包括唐景崧本人对内仍称作抚台。

这时，日军战舰浪速号和高千穗号也开到淡水海面，妄图对台湾居民示威恐吓。当年在中日丰岛海战中，就是浪速号的舰长下令突袭中国雇佣的运兵船高升号，击沉高升号后，又下令将落难的白人船员全部救出。

剩余的千余名清军官兵全部丧生朝鲜海。

浪速号的这位舰长就是十年后在日俄战争中击败俄国海军的日本联合舰队司令东乡平八郎。

日军的战舰没有吓倒唐景崧，但唐景崧却对清政府诚惶诚恐，他先后给清廷和内地各省官员发去长篇电文，一再表达自己的心迹，表示建立台湾民主国只是权宜之计，只是为了抗日和维护中华一统。

台湾民主国成立的消息传出后，上海《申报》专门发表了专论，文章题目是:《论台湾终不为倭人所有》。1895年6月6日,《申报》还着重登载了台湾乡绅们给清政府发来的电文：“台湾臣民，义不臣倭。”

日本大军压境，台湾民主国却已经安然存在了5天，浪速号战舰上的东乡平八郎再也坐不住了，1895年5月29日下午，中日割让台湾的手续尚未办理完毕，他便率领浪速号和高千穗号两艘战舰突袭基隆西南的金包里。

东乡平八郎只是要在基隆西南造成登陆的假象，真正的杀手锏却是在相反的方向。在基隆西南，日本陆军主将北百川能久亲王以迅雷不及掩耳之势迅速攻占了澳底、瑞方，而后又冒雨向基隆推进。

6月2日，基隆炮台失陷，这时，在基隆口外海面停泊的日本战舰西京丸号上，两名官员正在签订台湾交接文据，他们一个是清王朝新任命的全权大臣李经方，一个是日本新任命的台湾总督桦山资纪。

得意洋洋的日本兵开进基隆一座弹药库搬运弹药，早已藏在里面的一名中国士兵点燃了弹药库里的地雷，当场炸死日军200余人。这位不知名的英雄当场被捕，被日军以残忍的手段杀害。

这一天，在北京应试的举人康有为上书光绪皇帝请求变法图强。

奈何远隔重山的大清皇帝束手无策。

基隆失守后，唐景崧逃往大陆，台北守军群龙无首，日军乘虚而入，占领台北。

桦山资纪和能久亲王攻占台北之后，声称已经占领台湾。他们以为台湾北部再不能有大的战事，当即命令山根少将率军乘船登陆台南。可是台北与新竹间频繁的抗日活动打破了桦山和能久的迷梦，山根少将率领的第二旅团被紧急召回台北，1895年7月12日，山根旅团奉命对台北新竹铁路以南地区展开了全面的扫荡。

装备精良的日本军队遭遇到台湾人民顽强的还击。

扫荡开始的第二天，日军的樱井运粮队就在三角涌遭到伏击，全队仅有三人逃脱。在福德坑，枋城支队近900日军被围长达6天之久，弹尽粮绝，伤亡惨重。扫荡开始的第四天，日军山本骑兵队又被围歼。

侵台日军被台湾人民的反抗精神所震慑，士气大为低落，为了鼓舞士气，能久亲王一边多次发布训令鼓励士兵，一边紧急向国内求援。

马上，日本陆续派出两万余士兵增援台湾，台湾战事急转直下。7月15日，日军攻陷龙潭陂后，纵火焚烧全街，将魏阿盛等73名居民捆绑至野地，一一用刺刀杀死，事后很久才由乡人收集尸首加以掩埋，这就是今天桃园县龙潭乡七十三公墓的由来。

7月22日，日军步兵、炮兵联合对义军发起猛攻，陈樟等13人在圳岸角壮烈牺牲，葬在台北县树林镇，人们为这13名烈士修建了乙未抗日先烈十三公墓。

当初，日本军方以为台湾不过手掌大小之地，以一旅之众即可一举歼灭。

可是从1895年6月到10月，就是在这里土生土长的人们，使用土枪、大刀、长矛与装备精良的日军先后作战一百余次，他们从台北一路交战到台南。

日军先后出动了三个师团共7万大军的兵力，开来了海军舰队大部分常备舰只，动用了当时最先进的村山式连发步枪。可是后来，包括陆军中将久能亲王、山根少将在内的4800多名日军在台湾阵亡，此外，还有数万人负伤。这个数字远远超过日军在甲午战争中的伤亡，也远远超过日本和全世界的想象。

正如台湾学者王晓波所说的那样，如果说近代中华民族主义的原点是抗日精神，那么近代中华民族抗日斗争原点的原点则无疑在台湾。

当年的义军首领丘逢甲率领的台中义军最后也弹尽粮绝，为了谋求长远，他后来辗转回到了福建。据说每天清晨，丘逢甲都带儿子到海边，指着茫茫沧海讲述台湾的故事，十多年后，48岁的丘逢甲郁郁而终，弥留之际，他用尽最后的力气喊道："死后必须向南而葬，我不能忘记台湾啊！"

丘逢甲的儿子名叫丘念台。

（1999年5月18日，纪录片《台湾往事》解说词初稿）

※

二

※

电影盒子

平安夜与摆渡人

今天下班早，回家赶上北京台播《一代宗师》，曾看几次都没看够，深信它必定史上留名，也不由得唏嘘王家卫和章子怡这些年潜心修炼更臻上乘，却一个奖项平平，一个归于草莽。回望过去三十年，香港流行乐坛和台湾新浪潮电影曾润染过多少心田。怀念昨日经典、精致的香江风情，自强不息的岭南气质，优雅而旖旎、旷达而空灵的宝岛神韵，曾陪伴着一代华人的青春记忆，把那份深情与善良、伶俐与洒脱注入我们的性格和生活。而今我们长大了，终于懂得了那份真情、珍贵与珍重，天王俱已老，港台lost到让人惆怅而心碎……狮子山下，阳明山上，敢问路在何方？我说路在回头，在拥抱大陆，在重逢于全球化沃土，耕耘出华人新的气象与丰度。

今天是平安夜，轻轻掀起日历的一角，你是谁，我又是谁呢？近在红尘，我们是否记得生命中最初的缘起和约定。

彼岸并非此岸，昨天即是明天。涉过忘川，何时我们能再度主演自己的往事？何地能从拈花觉悟处开赴未来？平安夜连着看了电影《摆渡人》，两个涵义丰富的意象相加，令王家卫指导的这部电影更透出熟悉的流畅和厚重的诗意。前段在6频道看过一部大陆电影叫《爱情银行》，也算是对得起所打发的时间。但如果和《摆渡人》相比，算是由小屋到了殿堂。相似的题材拿到不同的导演手里，才知世界的广大在于梅花千树遇人而缤纷，会心而盛放。电影和电影无法相比。王家卫历来运用欧式电影语言和好莱坞视听节奏建构着香港诗电影形态，表达的却是华语电影共通的家国风骨和精神气性，那情感断舍离合之外海港与远洋、岛屿与大陆、游子与母国之间的难舍难分、即近犹远、虽远实近、欲罢不能、欲说还休，拳拳之心，是那样的婉约、殷切而断人肠。

《摆渡人》是一部香港之诗，香港之镜，乃至于是香港之问。远行的船儿何时靠港？故乡的人儿怎样归来？摆渡人，摆的是一幕幕因缘际会，渡的是浪漫的东方之珠，何时再现那段永不言败的金色年华？交织浮现的蓝调老歌，琳琅满目古今中外的偶像符号，汇成的固然是光怪陆离的城市图景和心灵镜像，但却曾因人性的光辉绽放大爱之美，才在多元化中照出生机盎然、活力四射的亚洲小龙。而今香港却在纸醉金迷之中迷失渐远，距离越近的地方却路途漫漫。辛巴怎样能为醒狮？亚细亚孤儿何处是岸？谁人愿以命换心，将游子渡回故园？

从《一代宗师》以来，王家卫电影多了主题上的哲学探索和电影语汇的实验风格，杂糅但疏密有度的视听节奏，细节张力与人物心理视点的叙事缝合，黑色与诙谐之间的笑里悲情，拿捏得精到自如，在娱乐与自省、商业与人文之间贡献出了当代电影人应有的认识水平和技术素养。从另一层面看，电影人即是摆渡人，举起电影的渔灯，抚慰伤痛的灵魂，导引无数光阴的过客前往无忧无惧的光明彼岸。平安夜只是普通一天，却是很多人眼中最为温暖的夜晚，因为有了电影，以及五大洲数不清的热爱光明追求光明的人们。愿摆渡人的精神、感同身受的勇气与我们同在，平安夜快乐！Merry Christmas and Happy New Year！

（2016年12月24日）

归　　来

火车向左，裹挟着黑烟和金属声疾驰而过，反革命逃犯陆焉识在月台的楼梯一角蜷缩、紧张地等待着分别20年的妻子。电影《归来》以这样的画面拉开序幕，不露声色地揭示出主人公遭受的来自时代的挤压，当人物跌进历史的深渊，烽烟里看不清伊人的姿容，那份沉重与萧索、顽强与苍凉，横亘在黑亮的铁轨之间，直到警察扑来，火车嘶鸣无情地湮没了夫妻之间的对话，只剩下切切情深，超越了语言，令人潸然泪下，观众的眼泪，是对电影最好的褒奖，根本不用花时间补习那个远犹未远的年代，因为影像的魅力胜过历史教材。

电影确实带有意大利新现实主义风格，中近景有马丁·西科西斯的味道，影调也与欧洲大师的品味接近，叙事明净紧凑而流畅，剪辑果断是国产电影中少见的。这些年来，中国影视普遍存在的两大顽疾在于：一、滥用旁白，二、台词过多。或者说没有确立真正意义上的影视叙事方法，仍是将电影电视与文学相混淆、相冲突。影视在表达复杂难言的情感方面本来就是得天独厚、一目了然，一个特写表情甚至眼神就足够了，一个特写拉中景或拉俯视角加萨克斯风就足够了，这时根本不需要台词、不需要旁白，一旦有不合时宜的介绍心理活动的弱智级旁白出现，就等于把观众从浪漫梦中叫醒。

“文革”是一个沉重的话题，回望历史之殇又何止万语千言。电影《归来》用近年国产影人少有的温情和克制洗练地道出一个时代沉重难言的悲情，归来与接纳之间，是什么塑造了昨天和今天，过去和现在？忽然想到北海公园的阐福寺，最后一进大殿高挂乾隆御笔：“具六神通”，这就是主人公“陆焉识”名字的由来吗，六亦写作“陆”，又意指祖国大陆吗？当时代混沌了人的神通，混淆了人世间的是非，纵使具陆百神通也敌不过世间人自设的危局，在识与不识深处挣扎的灵魂，被陈道明、巩俐演绎得淋漓尽致。必须承认，中国演员的表演具世界级水准，对于陈道明、巩俐这类实力派，演绎出角色与人生、灵魂与灵魂之间对撞的火花璀璨，即使配角如刘佩琦、闫妮，寥寥数场戏居然能实力绽放，充分说明剧作的深度和导演的功力。就像陆焉识平淡道来的一句“过去，都过去了”，浅浅的叹息之后直面当下的人生，正是中国人的性格。

历史在这里留白，却给当代留下更深长的时空，继《活着》之后，《归来》将因温情而被写进历史，巩俐很有可能由此获得重磅奖项。如果我做结尾，会让两位老人静静伫立在北京站口熙熙攘攘的人流里，大广角越过头顶，将结尾定格推向一个楼宇摩天车水马龙的当代世界，看看我们曾经经历过怎样的悲喜，又亲手创造了何等的繁荣。涉过忘川，相信未来。

（2017年1月10日）

八　月

今天很幸福，晚上沾了大学生电影节的光，接连看了电影《长江图》和《八月》，国产电影很少有这么静气的作品，晚风中走在回家路上，感觉仍然活在电影里那个纯粹而温情的八零年代。

《长江图》是一部典型的非线性套层叙事的影片，以精致多样的运镜方式回望过去的激情岁月，冷峻而深情。很多画面带有深刻的多义性。结尾处逆光拍摄的雕像静静眺望长江滚滚，汽笛声隐约传来，仿佛吟唱在千古的风里。无论是沿江上溯还是顺水而下，都是在文化的源头守望与求索，倾注着对于民族命运的深沉思考。

《八月》的蝉声唤起多少人的儿时清梦，黑白光影抽去了岁月，还原出那段透明的往日，单纯的只有黑和白、故事与梦。静静看过在浪潮里挣扎生存的父母以及周遭的人事变幻，在市场经济冲击之中悄悄长大的不只是那一代当事人，还有他们的孩子，也以朴素的方式品尝着时代的倥偬。主人公在电影制片厂工作，如同中国电影从计划走向市场的历程，隐喻着一代人带着梦想冲进现实的进程。多年过去了，他们的顽强镌刻在后代的记忆当中，成为他们童年的传奇。纪录片质感的故事里，每个人物都仿佛有我们自己的影子，包含着丰富的杂质和烦恼，然而又隐然保有着属于自己的倔强风骨，静静地克制着内心的悲喜，顺着幽幽蝉声融入和随喜于这个复杂但宏大的时代。

（2017 年 4 月 30 日）

道士下山

这两天被问到好几次看没看《道士下山》。从法国回来时差原因睡不着，就到小区电影院迷迷糊糊看了。可能是小区影院拷贝粗糙，放映的影调偏暗，中间困得不行眯着了得有十来分钟。真是很对不起这部电影。

有时候觉得张艺谋电影不是电影，而是在艰苦进行着的电影实验。同样的，陈凯歌电影也不是电影，而是用电影在上课。因此张艺谋适合做油画家，可以在画布上涂了又抹、抹了再涂；陈凯歌则更适合当个作家或者牧师。劳累疲惫的时候不爱看陈凯歌作品，因其强行灌注的私货性质的思考有点太多，有时恨不得自己跳出来上课，低估我们这一代也受过高等教育的观众的理解力。但我仍然对陈氏电影肃然起敬，欣赏他多年来坚持表达对于民族时代的深沉思考，坚持观察社会，反省和挖掘人性，虽然也祭出《搜索》《无极》等平庸之作，但仍具思想者的本色。

我看到有人拿陈与李安相比，是个很有意思的比较研究的选题，但真没必要将金龙鱼与银龙鱼，梦窗和草窗相比，只因他们都是一样的用心用情用漫长的时光坚持梦想，正像电影中台词说的“不忘初衷真英雄”。李的《卧虎藏龙》做出了还珠楼主原著幽深的阁楼感，而陈的《道士下山》也透着《绿野仙踪》《蜀山剑侠》等清末独有的清幽散淡味。陈李都献出了积淀着悠长人生体悟的旷达之作，一样精彩，值得喝彩。

《道士下山》雅俗共赏，内涵丰富。倾注着一位资深电影人，一位有责任感和忧患意识的长者对伟大复杂而喧嚣时代所致以的反思、诘问和信心。一切古装戏的本质都是当下戏，都是当下真切的世态人心。形而上者谓之道，重情守义谓之士，师之大者成于下，红尘之险险如山。

这是一部很尊重市场的作品。哥伦比亚作为出品方，摄像和美术等重要工种都是外籍，林志玲、郭富城、张震等一线阵容，团队的开放性是导演本人大气的表现。很多运镜手法直接继承了20世纪初武侠片的传统，有的弥漫德国现代主义电影的气质和意大利新现实主义电影的苦涩感，闪回慢镜和对道之境界的视觉表现有法国新浪潮的痕迹。林志玲的背影令人想到费穆的名作《小城之春》。戏楼画舫幽巷夜市置景简洁翔实，用光考究，营造出旧时代特有的纸醉金迷般的烟尘感，剪辑透出盖里奇的味道。与后续推出的《妖猫传》相似，动用国际团队制作中国故事，不拘一格的电影语言形成了对陈氏既有风格的突破。

说到《妖猫传》，有一句题外话，就是令人拍案惊奇的是这几年影片界竟一股妖气盛行，用妖的名义招揽观众，多部以人妖情义为主题的作品粉墨登场。百花齐放放之于妖异，悲欢离合见之于前朝，根本原因在于当代文学尤其是现实主义文学式微，原料供应乏力，既掣肘了电影电视行业的发展，实际上拖延了改革开放步入纵深的进程。如果没有镜子，我们将会怎样？仅从《道士下山》来看，一个“下”字，谁能勇而践之，在万丈红尘中直面人生的困顿与惶惑，建构大众共通的通往正能量的心灵之桥。近年来，《黑客帝国》《盗梦空间》等很多巨制能用东西方共通的电影语言传达对于人类命运的哲学思考。李和陈也在认真探索，用国际化团队和元素传达东方世界对于世事人生的多重体验。这是中国当代文化崛起的福音。

《道士下山》的文学原著比较内敛，陈在其中读出了故事的多义性以及转折年代人物命运与内在心性之间的关联感。这仿佛是导演半生艺术生涯与内心况味的总结之作，包含着对世情人心的多少难以直言和言不尽意的感怀与喟叹。以入世之心执电影，以电影画卷载入世事芳华，陈多年来面对电影与自性，也完成了多次下山与上山，自《霸王别姬》之后终于透出今天的怀抱之大，道心晶莹。正是如台词所说：装得下辽阔大地，万古星辰。陈在后来的《妖猫传》中也有表达：惟其尊重李白，才能成就白香山。同样的，尊重同时代的巨人，是新巨人崛起的标志。这么看来大陆电影已经有几人隐有大师之意，就是哲学的陈凯歌，人文的张艺谋，悲悯的冯小刚，以及坐四望三的社会学的黄建新。其余四十岁以上导演都不足道矣。这些都是夜深胡侃，但请看二十年内电影史是否印证此话。

（2015年7月6日）

甜　蜜　蜜

晚上电影频道播《甜蜜蜜》，隔十多年后再看还是那样唏嘘不已，看黎明在大银幕的活灵活现和朴实无华，看小人物简洁而微妙的命运和情愫，看陆港关系从仰视才见到今天已经平分秋色，看邓丽君的歌声依然挥之不去余韵绕梁，看歌声里浓郁的回忆和伤情，看纸醉金迷光怪陆离之中沉淀的焦灼拼搏迷惘和乡愁，看萨克斯曲风不时回响，看陈可辛盛年之时诗电影的气质和洞穿一个时代的深度，每当邓丽君的歌声轻轻响起，都牵动华人共通的境遇、缘起和来路，拨弄心弦，纷扬宿世而生的不舍与深情。直到剧终再见之后，还回味在苍茫百转的情绪里，甜蜜蜜之中依稀都是醇醉清凉和酸楚，蓦然想到哪位古人几曾写道：物态却从无处有，世情偏向苦中甜。

（2014年7月20日）

青春合伙人

在办公室吃方便面的时候看了这部电影：《中国合伙人》。以新东方故事为原型，将兄弟、青春、商业和励志元素构成卖点，也向一代创业者致敬。电影背后是沧桑巨变今天已成长为世界第二大经济体的中国。想起当年我也曾经老老实实地背着书包和水杯跟小孩们一个班级到新航道学了仨月，后来拿到哥大教育学院的offer却放弃了，后来我经常想，如果当时出国了，不知现在会做些什么，会不会在为human rights而呼吁。我对当时一个新航道老师所讲的话至今记忆犹新，老师说：我们为什么要去美国？因为那里才是世界的中心。我们应该到那里走一走看一看，站在纽约第五大道，高声喊：I am the king of the world ，the whole world.是啊，有志气的中国人，总有一天要做时代之王。

（2013年11月15日）

一代宗师

人世间天幕蓝色的浩然故事，人间世阡陌紫色的光阴如晦，世间人流沙金色的青史幽幽……大历史里的沧桑旧事诸般功过，交汇成一幕一幕红蓝清浊而又波澜壮阔的大时代。晚上趁老板开会时偷闲看了《周恩来的四个昼夜》。电影不是最重要的，重要的是多年以后，斯人已远，情愫不灭，历久弥新的精神光华。

深深记得在我学生时代，尹鸿老师曾说："奥斯卡是商业片show，奥斯卡最佳外语片不会给中国人。"但自从忧郁的《美丽人生》和包容之作《关于我的母亲》得奖，我一直抱着对奥斯卡人文精神这个伪命题的幻想，期待中国电影赢得小金人。

曾看好《卧虎藏龙》，虽然李安在还珠楼主推崇的东方世界之克制内省境界和西方理性浪漫精神中间找到了共通的叙事之美，但可惜外国人看不大懂。后来张艺谋有了《金陵十三钗》，张固然为一代名匠，但想凭"十三钗”这张薄饼就想得奥斯卡，也未免太过托大。直到王家卫拿出《一代宗师》，演绎烽火时代中国人性格剪影的精致时尚之作，在叙事史上正面接通香港影像由来已久的家国渊源，又正逢好莱坞开始意识到华语市场崛起，胜率较大，热烈期待。

（2013年10月2日）

第13届北京大学生电影节寄语

蒲公英撑起酒红色的大伞，百灵鸟敲响春天的风铃。

生于斯长于斯的文化厚土，薪火相传、桃李成蹊的大学校园，曾为这个早春时节而振奋和感动。从对中国电影的密切关注到对中国文化的深长期盼；从大学生与电影人双向交流机制的确立到电影文化多边论坛的建构与弘扬，大学生电影节和数不清的朋友们肝胆相照、携手同行，共同迈向前瞻未来、放眼天下的新的里程。十三载岁月的剪影里，青春火焰悄静飞舞，镌刻下我们的赤诚，每当电影与新文化境界欣然撞碰，总会激起令人感动的浪花，留下数不清的动人故事。

当更多的电影跨海而来，机锋交汇处，就是灵感的源头。塞纳河畔的金色夕阳映照着法国电影浪漫唯美的光芒；东普鲁士精神时时为德国电影吹起狂飙疾进的先锋号角；西伯利亚高原的苍茫与寂寥造就了俄罗斯电影的沉静宏大；新大陆气息赋予好莱坞电影以恒久的激情和活力，比利牛斯山麓的风车和金线菊，将西班牙电影点染得明媚而奇幻。同样令人难忘的还有奥黛丽·赫本的优雅气质传递出美国新兴一代的荣耀和自信，高仓健的刚健与沉郁成为战后日本民众坚忍前行的写照，皮尔斯·布鲁斯南的蓝眼睛闪耀着欧洲数个世纪的稳健和狡黠，章子怡漂亮倔强的嘴角翘起的是一个前途无量的大国。

当代人口、文化、资本、信息的迁移和流动方式表明，传统意义上的地理边界可能正在消失，个人正在成为“世界公民”，电影话语权的主体范围急剧扩大，技术和市场转换使得跨越传统民族国家的全球影像时空应运而生。从一定意义上说，电影是“视觉的世界语”，同时电影发展的历史证明，只有民族的，才是世界的。从当年《定军山》里乾坤落定的古韵幽幽到今天优秀华人导演的作品扳得全球瞩目，在清远旷达的中国意境里绵延着的民族风骨，正在面对一个向深度民族化、区域化、国际化、全球化等多个维度之间多边博弈和辩证关联的复杂境遇。在这个格局宏大的进程中，大学与电影的互动，具有重要的战略价值。中国电影的崛起，其本质是民族文化、中华民族的现代化和国际化；这不是禁锢在民族传统文化的时间维度和大陆地缘的空间维度里原地旋转，而是坚持民族文化生态坐标，坚持民族文化的独立、开放和进取，坚持以实验精神、创造精神、对话精神、先锋精神鼓舞和活跃民族电影生态氛围；从跨文化的视野出发，在中国现当代进程中中西、古今关系的多元格局和多边演变的巨系统下，建构具有中国作风、中国气派的现代电影文化生态体系，传承中国电影生态系统的深厚渊源，确立中国电影的国别特征和实现中国电影的全球价值。

最是一年春好处，红砖墙里摇曳着青春的锋芒，我们深信，电影事业英雄出少年，自有后来人。青年与电影的对撞，将不断启迪文化自觉，使电影深层次地呈现民族气性，挖掘和展示民族文化、民族精神的恒常价值，使华人得以在更绵长的时间维度和更广袤的地理范畴接通民族历史与民族渊源，将一个崛起中的大国带入历久弥新、生生不息的新境界。

（2006年3月3日）

怀念《外来妹》
——电视连续剧《外来妹》读解

20世纪90年代初，中国湖南小山村赵家坳的一群青年男女到广东大安乡打工。姑娘们进了康乐电子玩具厂，成了外来妹；“青年突击手”帅小伙志强和金贵却被挡在门外，只好受雇放鸭谋生。工厂里，笨拙的“靓女”赵金玲总是出差错，被“炒鱿鱼”，后来轻生，被人们救起；聪明的小云，很快掌握和适应了工作流程，逐步被提升。后来，康乐厂的总经理、来自香港的年轻人江子庭自立门户成立了建达厂，动员小云跳槽成为建达生产主管。同时，小云也与香港老板江子庭发生了一段“剪不断理还乱的”情感纠葛。外面的生活很精彩却也是残酷的，外来妹们在磨难中逐渐成熟起来，各自选择了自己的路。“靓女”终因伤残而回到了山里；秀英为了赚钱成为陪酒女郎；玉兰与大安乡小食店的老板福生结婚；而回到山里结婚再也不准备外出打工的秀珍，却发现自己已经不属于山里，她又带着一群年轻的小妹，走上了新的打工里程。小云则被大安乡乡政府任命为第一间乡办玩具厂的厂长，开始了她新的生活和事业。赵家坳的姑娘们走出了山坳，走向了现代，还将走向何方?

(一)时代镜像中的文化反思

电视连续剧《外来妹》以改革开放时代的中国山村：湖南赵家坳和广东大安乡为背景，深入而细腻地呈现了以外来妹为核心的一批青年创业者的事业历程和心路历程。“外来妹”这个名字是耐人寻味的。“外”是空间方位概念，一个注明相对位置的标签，判定地域和心理距离，表明经济、社会、时代的双重属性和多元差别，并由此生成陌生感、社会间离效应和观念冲撞，预示着空间上的惶惑、寻找进而定位的漫长过程；“来”，是一次大胆而直率的行动，意味着开放的心态和坚决的信念，内蕴一种一往无前的气势，涵盖了深长的时间里程和行为体系；妹，是身份弱势的写照，意味着谦逊的姿态、试探的表情、敏锐的感受力、坚韧和纯洁的心灵。

时代更新的时候，我们必须随之更新。处于文化冲突中的女性，在新的时代努力寻找新的命运坐标。立足时代前沿的创业群体，怎样动态把握变革时代的机遇和风险？一次次由外向内的探寻、驻足和投入，是边缘与中心反复进行的多边对话和位势置换，包含着数不清的观念撞碰、情感挣扎和心灵取舍。“外来妹”三个字，在中国改革开放进入深层次的宏大氛围里揭示了一种普遍的时代境遇，指向所有的新移民，乃至所有处在社会主义市场经济浪潮中的现代公民。电视剧由俯拍赵家坳山乡的火把场面开始，穿插切换高楼林立、车水马龙的香港城市画面，以对比鲜明的交叉剪辑勾勒出时代风貌。这是一个改革风起云涌的年代，广州火车站上演的人潮攒动的一幕，蕴示着现代中国改革开放列车的启动。来自湖南的外来妹群体，与来自香港、内地的年轻创业者们聚集在广东的乡土，不同的文化背景、生活经历和命运取向相互激荡，共同的生存境遇、事业格局和情感波澜难解难分，交织行过了一段不平凡的里程。

20世纪八九十年代，也是一个事业与生活多向拓展，思维与视域多维延伸，观念与价值多元汇聚的五彩缤纷的时代，社会转型进程中包含了丰富的事件，贯穿着从冲突、分化、无序走向共容、整合、有序的时代脉络，同时也成为这一时期中国电视剧或显或隐的共同主题，《外来妹》正是在这样的背景下应运而生，它以在当下社会中进取和反省的态度追踪着时代最前沿的风云。在今天观看《外来妹》，当年人潮拥挤的火车站、铁丝网格包围的工厂流水线、身穿整齐工装而面孔茫然的打工妹，以及每一个人物在文化冲突中所表现的心理状态，无疑都是对那个年代的最好诠释。《外来妹》的成功之处在于，它不仅展示了改革开放给珠江三角洲带来的经济腾飞，更通过一群青年创业者的故事，揭示了改革开放对人们思想意识和价值观念的冲击与塑造。

1992年，邓小平到南方视察并发表重要谈话。也是在这一年，《外来妹》在全国热播。一部酝酿了三年之久的戏，恰好在这样的一个背景下推出，占尽了天时、地利与人和。电视剧中把生产线叫作“拉”，把打工者称作“外来妹”，这些都成为当时的时尚词汇，在大江南北流传。广州话把先生简称为“生”，电视剧中的“江先生”被称作“江生”，很多内地观众都以为男主角江子庭的名字就叫江生。除了对岭南——粤港商业文化气息朴素的展示,《外来妹》更以中立而温情的视角，客观地呈现了港资企业、合资企业和公办企业面貌各异的运营模式、管理方式和经营状况，以及企业之间上演的人才战、服务战、管理战。从康乐电子玩具厂“家族经营模式”的由盛转衰，到现代企业建达电子玩具厂“港英运营模式”在外来妹面前遭遇的管理尴尬；再到乡政府主动因应市场浪潮，终于开始自办企业，并吸引管理精英赵小云和公关能手杨帆的加盟。大安乡这片香港人、内地人不约而同地选择创业施展才干的沃土，终于孕育出具有中国本土特色和公立特征的市场运营实体，电视剧以开放式的结尾注入这份希冀，为观众留下了无限的想象空间。

作为中国改革开放的前哨站和试验田，广东历来是多元文化的碰撞与融合之地。在岭南文化、香港文化和中原文化的不同尺度下，分别以资本、金钱、情感、道德四大动机来支撑生活的青年人，演绎着一段悲欢离合而又无悔无憾的故事。电视剧通过这些普通人的命运历程展现一代人的成长轨迹，不露声色地揭示了现代社会演进初始不易觉察的精神危机。导演成浩也曾经谈到，希望这部电视剧能够“像清明上河图一样，不仅具有审美的价值，而且具有社会知识的价值”，一语道破了《外来妹》的艺术魅力和价值取向。当画面中棕褐色的火车车厢在汽笛声中缓缓驶来，车厢里拥挤的打工人群中，浮现出几个向外张望的面孔，等待在站台的广州电视台记者问南下民工“为什么来广东”，从湖南、河南远道而来的人们回答“赚钱呗”，一句话道出了简洁而又深刻的劳动力流动本质。从金色朝阳下的建筑工地，到辛勤插秧耕作的农民，从高耸入云的脚手架到一望无际的梯田。《外来妹》以朴实无华而又意味深长的画面巧妙地联通了当代社会表征和公众情感的隐秘脉动。

在生活和工作中一再坚持传统观念和朴素道德评判的凤珍，为了赚钱不惜出卖色相的秀英，大搞感情投资谋求资本增值的江子庭，以独立情感尺度和信念抉择人生的赵小云。大同小异的外来境遇，个性迥异的命运流程，使电视剧从人物的复杂性深入到探寻劳动者的复杂性，乃至市场经济复杂性的新层次。剧中不时地穿插卡车驶过卷起黄沙、掘进机工作和建筑施工的画面，为观众提示了戏剧角色身外的世界和戏剧之外的时空，是一个因市场经济层层推进而生成的日新月异的世界，思想洗礼和观念变革正悄然而又不间断地发生在这世界每一个角落。剧中为企业预设的玩具生产职能，更巧妙地暗示了市场经济在意识形态分野下的双重境界：是资本主义世界里人异化为资本的玩具，还是社会主义市场经济中金钱成为人的成长机遇。从这个角度而言，《外来妹》中存有一种敏锐的时代审视，它通过人物命运的变迁生动地揭示了这样一个道理：市场经济以利益为中心，追逐利润是市场经济中企业的行为准则，但并不应该成为个人的生活信条。同时市场经济也应摒弃个人主义，奉行互利原则，在容纳个人奋斗、个人创造力发挥的同时尊重他人的身心权益，力避道德准则位移和极端个人主义恶性膨胀引发的种种生活危机、感情危机、事业危机和社会危机。1995年第一期的美国《读者文摘》写道："难道我们不应该为骇人听闻的罪行、道德沦丧和公共行为准则江河日下感到羞愧吗？如同人类需要空气一样，自由需要道德。"《明镜》周刊则说："德国从一个团结的社会走向一个个人主义的社会，团结友爱的精神在衰落，人们在毫无顾忌地满足自己的欲望，几乎不惜任何代价。"今天，信息高速公路的发展又将促成全球范围内的观念碰撞和社会变革。从一个崭新时代的尺度而言，我们每一个人都是“外来妹”。怎样从纷纭复杂的时代浪潮突围，探寻一条理性、建设性之路，是《外来妹》揭示的更为宏大的普遍命题。

（二）影像时空里的心灵天地

以赵小云为核心的外来妹群体远走他乡打工谋生，《外来妹》的故事宣告开始。在新的环境里历经磨炼的外来妹们不免一番分化组合，最终纷纷找到属于自己的生活道路：玉兰、秀英以不同的方式留在了异乡，但她们的苦楚还远未结束；志强、金玲回到了大山，他们在心中都珍存而又回避着异乡生活的片段；而最传统的凤珍回到大山后又决定离开，只有赵小云在异乡找到了属于自己的天空。就在赵小云和江子庭分道扬镳而又不期而遇的时刻，《外来妹》的故事戛然而止。在环形的剧作结构里，赵小云的情感经历和命运流程与赵家坳打工姐妹、内地打工妹阿芳、香港创业者江子庭的命运交织在一起，成为推动故事的主线，而玩具市场的行情变化、企业间的复杂竞争和人际纠葛成为另一条情节链。以戏剧人物情感交织为经，以企业间的资本斗争为纬，社会的现实矛盾和利益较量、人们五味杂陈的生存境遇和体验都被淡化为人物的善恶冲突；现实生活中往往不了了之的道德评判被放大成“冲突—解决”的模式化格局；主人公所面临的困境最终或是抵达光明、或是转化为新的困境，最后是一个善恶分明、赏罚公正的结局到来。值得一提的是，《外来妹》的结局十分巧妙而含蓄：江子庭戴上墨镜黯然离开机场，赵小云乘坐的飞机在蓝天翱翔。故事将价值评判不露声色地注入结局之中，引人深思。

在对穷山沟赵家坳走出的六个女性的命运进行追踪的同时，电视剧还涉及内地、广东沿海、香港三个地域文化层面的描述，通过淡化社会背景、简化商战的复杂性，进而凸显人物各不相同的情感与命运，这使得电视剧的叙事进程有条不紊而又入情入理。在序幕中，外来妹赵小云迎着朦胧的晨曦走来，发丝上回旋着朝阳金色的光辉。画面用特写记录了她忧郁而坚定的神情，当一滴泪滑下脸颊的时候，清秀的面容透着一丝迷惑，却没有犹疑。孤独的人行走在异乡路上，经历多少寂寞与挣扎、异化与绝望、彷徨与沉沦，但是始终保有纯真和坚韧，自信与承担，终于从一个普通的打工妹成长为一个乡镇企业的负责人，实现了自己人生的飞跃。通过巧妙的叙事转换，电视连续剧《外来妹》有效地简化了故事容量，突出了主要人物的命运流程。例如在交待阿芳的命运经历时，剧作安排赵小云对江子庭说“阿芳的孩子死了”、玉兰对凤珍说“阿芳去了假发厂”，以第三者的叙述一笔带过；在故事中，靓妹金玲经常作为意外事件的主人公，她两次上班睡觉和一次意外受伤成为情节转折的一个环节，而她同时也是故事中唯一的喜剧元素承担者，角色兼具悲喜杂陈的特质，平衡了戏剧张力，使故事不疾不徐地展开，颇具一番韵味。但是在对玉兰和福生爱情故事的处理方面与全剧的主线存在脱节。将玉兰结婚和阿芳被抛弃编织到同一场戏中进行对比展示，未免落入俗套。

《外来妹》有意营构了若干富有意味的画面，将人物命运不经意的呈现。当志强、小云一行初到大安乡街头，摩托车频繁来往，发动机声在街头弥散，一辆摩托车驶来将五人冲散，似乎预示了人物各不相同的命运走向。当赵小云姐妹刚进入工厂工作的时候，一辆辆重型大卡车驶进厂门，志强和小云弯下腰在卡车轮胎行进的缝隙中艰难的喊话，为两人日后的情感疏离埋下了伏笔。在赵家坳，秀英家的栅栏式窗格、褪色的门神画，穿着长马褂的老父亲，门前晾晒的老玉米，沧桑而古旧的土坯房，生动描摹了昨天的时代。秀英踏上打工之路，秀英哥转回头湮没在群山深处，这时候童谣悄然响起，深沉的流云遍布山野之间。让人想到一句古诗：山雨欲来风满楼。令人诚惶诚恐而又意气风发的并不是雨，而是一个“欲”字。从工厂辞职之后，秀英居住的阁楼如同一个碉堡，象征着她孤独而落寞的内心世界；后来秀英故地重游，回到曾经住过的阁楼，画面回荡着一首老歌“一生何求，迷惘里永远看不透，没料到，我所失的，竟已是我的所有”，犹如一段忧郁的散文诗。当被解雇的金玲悲伤地重温妈妈的来信，画面切换为一条裤子在雨中的晾衣绳上孤独的摇曳。《外来妹》中经常能够看到摄像机机位架设在较低位置拍摄的画面，传达出一种细腻感、纵深感和韵律性。办公室的一场戏里，将发生争执的林老板和江子庭置于画面纵深处，前景是一部打字机和嘈杂的打字声，一动一静、一虚一实；争执发生之后，决心独立门户的江子庭在路上等待赵小云，康乐和建达分庭抗礼的局面即将奠定，这时候运动的画面后景闪过一条标语：讲道德、讲秩序。在方寸影像时空内传递多元多维的信息量，即使在今天而言也是颇为先进的电视剧理念。

《外来妹》还注重通过个性化行为和细节性画面刻画人物。香港来大陆淘金的青年创业者江子庭是留英硕士，有把英语单词加入到口语中的语言习惯，与他的文化背景和生活经历相吻合。江子庭平时喜欢吸KENT牌香烟，与康乐玩具厂的林老板喜欢吸555牌香烟构成了性格上的对比。踌躇满志的青年突击队员志强，在变化的世界中找不到自己的位置。当外来妹们第一次领到工资坐摩托车进城的一刻，画面切换为志强用火柴点亮一盏煤油灯。喧闹与寂寥之间，人物命运凝成了鲜明的比照。工厂宿舍里，一双穿着白色袜子的脚在画面左上方晃动，靓女在狭窄的空间被其他打工妹们喝来唤去，直观的揭示出打工妹生活的酸甜苦辣。此外，打工妹们上班前的穿鞋场面，整齐摆放的脸盆、牙缸，车间楼房整齐的灯火，这些有节奏的构图表现出工业化营造出的韵律感和气势美。浅蓝色系的康乐制服和粉红色系的建达制服，工厂看门老人沧桑而陌生的容颜，城镇外苍茫的山野、一望无际的梯田，静谧的鸭湖，床单在斜阳下轻轻飞舞。完美地呈现了田园和都市不同的意境和生活情趣。因此说，《外来妹》的影像风格清新隽永，意味深长。

阳光灿烂的日子，苍茫而葱郁的群山，无边的原野上长满浅绿色野山苇，暮霭青岚、野花芬芳，地气袅袅上升，一湾清澈的小溪从地平线深处蜿蜒而来，流光跃金，一片琉璃色的世间，一派朴素与真纯悄然弥漫在空气里，荡漾在天空中，渗透进外来妹们朴实的目光里、随意的服装里，以至匆匆的脚步里。在剧中不时穿插的工地建设场面，既丰富了剧情节奏，又将人物命运的发展和社会发展进程悄然链接，不露声色地暗示出时代给予人们的精神洗礼。广角拍摄的老祠堂，幽暗迷离的光线，仿佛滚动着悠长的岁月烟云，当年轻的人群朝着外面的光亮处涌动，点燃的香火无言的闪烁，仿佛是一种祈愿和企盼。还有老式的煤油灯、现代化的文件柜、细雨下晃动得错落有致的雨伞，蜿蜒的山路，暮天衰草中跋涉的身影，都成为时代的印证。在台词的处理方面，《外来妹》利用人物的对白精确呈现出人物性格，别具匠心。例如：

凤珍：“我相信好人总是有好报的。”

小云：“她（凤珍）把我们从赵家坳带出来，可是我们却一个一个离开了她，错有错的对，对有对的错，我也越来越糊涂了。”

江子庭：“物竞天择。这是自然的规律，谁都不可以改变。”

秀英：“小时候给关帝烧香磕头，听戏曲，最恨不忠义的人，可这不是在赵家坳，这里的事儿也早已经不是戏文里唱的事儿了，你想讲情义，机器不跟你讲，你想老板讲情义，市场行情能跟他讲吗？”

杨帆：“内地每月开76块的工资，上班看报纸喝茶，回家看书听音乐，觉得清苦、没劲。真要扔掉铁饭碗，心里还发虚呢。在这里拿千八百，卡拉OK闹着，总觉得心里寂寞。”

广东地处江海要冲，得地理之便，得风气之先，得潮流之顺，早在百多年前就成为中外文化交汇之地，当代又引领中国从农业社会向城镇化信息化工业化社会转型，以《外来妹》《情满珠江》等为代表的岭南派电视剧，鲜明记录了多元交织的文化形态、浓郁的南国风情、瞬息万变的商业机遇和公众迈向现代化的宏大进程。《外来妹》朴实无华、贴近生活，注重通俗性和真实感，更为可贵的是主创人员具有强烈的改革开放意识，能够与时俱进，把握时代脉搏，高度关注现实、当代、当下民族命运和生存境遇。《外来妹》中的每一个女主人公都有生活中的原型。广州火车站前的一幕，源于导演成浩在衡阳火车站看到的大批南下打工者涌入站台的情形。在当时“三来一补”企业最多的东莞，主创人员曾经在南栅开发区和打工者们一起生活了几个月，睡铁架床、吃食堂。广州话把女工们叫作“捞妹”，而电视剧将“外来妹”的名字传扬到大江南北，当年全国有26家电视台争相播放《外来妹》，形成影视史上的一个热点。

《外来妹》曾经在中国电视史上创下了几个第一：第一部反映打工者生活的电视剧、第一部反映劳资关系的电视剧、第一部聘请香港演员加盟的电视剧。后来，《外来妹》又获得了飞天奖。尽管反映了一个变化的年代的故事，但它采用的却是普通人的视角，采用的是平民化的策略，无论多么辉煌的时代，普通人总是时代生活的主角。主题歌以《我不想说》表达命运无言的甘苦；用《等你在老地方》陈述心灵不变的守候。除了清徐温婉的主题歌令人难忘之外，《外来妹》恰如其分地运用戏剧性音乐、喜剧音乐元素、轻松的曲风与剧情相互配合，令全剧的意境浑然一体。随着“等你在老地方”的吟唱，全剧落下帷幕，命运仿佛画了一个圆圈又回到原点，所不同的是主人公们都有了一番不平凡的经历。不论是市场经济之于中国，还是中国之于市场经济，都如同外来妹一样，遭遇着一种螺旋上升态，光明说近还远、虽远时近。传统意义上的乡土时代已经终结，从现代民间社会、民俗社会到法治社会，从田园中国、伦理中国到现代中国，淳朴而美好的人们除了养成道德的勇气之外，更要能负起建设的责任。

（2006年10月10日）

※

三

※

文艺大炮

大黄鸭的遗憾

什么叫糟蹋？

据传说，中国古代乐器陶“埙”传到某国后，一度被作为观赏品，外国人当时不知道埙还有吹奏的功能，其佐证是早期某国贵族古墓中出现的埙的陶片都是和陶盏等陈列品放在一起，且用来吹奏的几个孔都被覆上陶泥，只漏很小的缝隙，里面填充了粟米种子，可能认为有孔是具某种防潮作用，因此专门用来保存贵重农作物的种子。这对于音色古朴通幽的埙来说而言，不能不说是一种糟蹋。

同样的，“大黄鸭”本来是原产于中国的塑料玩具，是童年最普遍也可能最廉价的玩具，却被外国艺术家“点石成金”，放大数倍之后置于现代城市的钢筋丛林高楼大厦之间，典型地揭示出工业社会与人类自然情感心灵世界的多重关系，启迪人们思考在童年天性与工业符号，童话与世俗，田园幻想与机器文明，孩提时代与成人世界的多边交叠与多元对话中的思索和抉择。确实是一件巧妙的创造。

天下无俗情，无俗事，但有俗肠与俗笔。当一个创意扑面而来，怎么借花献佛实现与本土化相融合的二度创作，很考验人。

在香港，城市文化管理部门闻弦歌而知雅意，大黄鸭驾到之后，放它在蓝色海湾里顺水徜徉，位于几座标志性现代建筑与楼宇群天际线的纵深处，使之天然构成“黄”种人自近代以来对现代工业文明、海洋文明的向往、奔赴与徘徊的一部心灵的历程，在看与被看之间，无声地诉说着港口城市与港人精神漂泊的多重隐喻，轻松写意又极为多义，雅俗共通、中西同赏，堪称妙笔。大黄鸭有知，必定欣慰不已。由此也可以知道，大黄鸭放置的诀窍之一在于放置在钢筋水泥附近，与周遭建筑符号构成心理上的对比感和奇观性效果，形成艺术上的矛盾冲突和人文张力。

令人遗憾的是，大黄鸭来到北京之后，且不说造型被不负责任地颠覆为大黄鸡的模样（这里顺便探讨，为什么大黄鸭比大黄鸡有生命力，童年玩具为什么不选大黄鸡？重要原因在于鸭是两栖动物，满足了农耕文化对海洋水域的想象与征服，浮游水中的黄鸭，隐喻了曾在母体游弋的孩童，体现了一代人的精神镜像，完成了一次次梦想的追忆和远航。且公鸡属于攻击性动物，从一定程度上是儿童的噩梦。）对了别跑题，看看咱北京的大黄鸭，放在郊野的水塘里，完全沦为充气玩具，更可笑的是居然后面多了几个蛋，纯属画蛇添足，画虎不成反类犬，把美人画成了张飞，张飞也是盖世英雄，这是把美人给糟蹋成了黑扇面一塌糊涂，看看，一个很具创意的作品，在北京构成了一次从艺术品到廉价玩具的回归。且还是在某个博览会上，真是够丢人的，我真是打心里感到惭愧。客观地说，大黄鸭不该来北京，主要是北京缺水，不好放置。所以奉劝一句，快收了吧！哪怕是把它放在昆明湖，或者放在北海、北大未名湖，也比放在郊野公园好。鹤与琴与大黄鸭都不怕累，怕糟蹋。

（2013年9月8日）

狮　子

狮子，今天可能只在非洲可见了，然而它曾是横亘中古时期的重要人文遗存，从古埃及的雕塑到古希腊的神像，真实地记载了先人深深的畏惧和崇拜。亚洲有狮城，中国也有石狮子和狮子舞，狮子精神传承不息。大英博物馆今年重磅推出的专题展览，讲述的是与人的思想和信仰有关的实物遗存，令人体会到博物馆级的收藏从本质上看都是人思想、情感与信仰的外化和见证。

这次展览的迎门之作是三万年前在德国山洞中发现的狮身人面像，体积只相当于大号的擀面杖，却透出蒙昧时代的精致与森严，雕像已经残破，笔直的造型仍不失屹立感，狮人合一的进取精神在雕像之中深刻地浮现。新旧可以并存。宋词在文学史上出现之后，五言诗、七言诗也没有销声匿迹，该淘汰的总要淘汰，有价值的仍会存在。三万年过去，兽性必伏，人文至上，被证明是时代传承的内在法则。狮子的传承不是因为其凶猛咆哮，而是因为人的觉悟和有情，从后来的希特勒战车折戟到今天以工业实体经济立国，强大如德意志也是反复了数万年才明白这个道理。

（2017年11月12日）

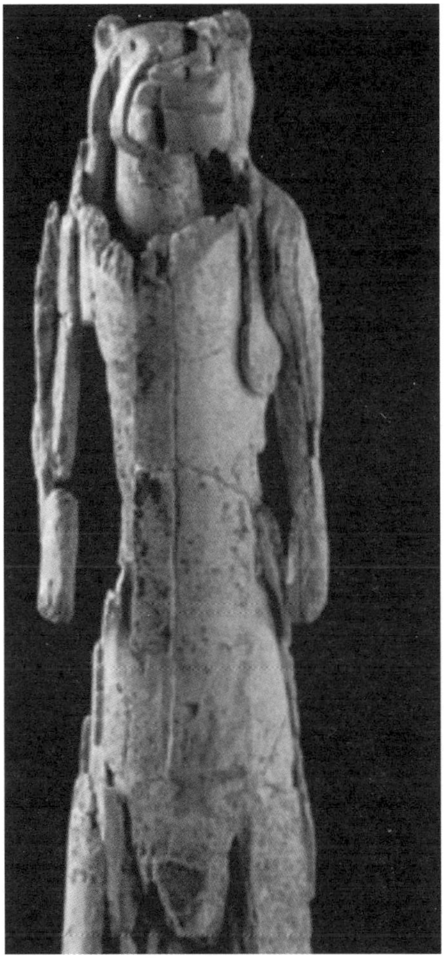

大英博物馆所展览的狮身人面像

达　摩

阿里巴巴成立了“达摩院”，将阿拉伯神话故事人物特质与儒释道交融形成的禅宗及武侠文化联通一体，道出了互联网天然的倾向通达机变、明快巧慧、融合大同的价值诉求。能联想到的除了少林寺和金庸先生，还有经典美剧《Lost》当中的达摩计划（Dharma Initiative），“4、8、15、16、23、42”这组楞次等式数字和所谓鲁索基因镜像理论，不知道是否也列入阿里达摩院的研究框架之中了。这个数字对应的经纬度共有四个点，都在澳大利亚附近的南太平洋，又令人唏嘘于MH370那个消逝在南太平洋深处的真正的LOST事件。怀念《LOST》迷人的菱形叙事模式，建构了巨大的跨越种族与文明的故事镜像，照见每个人的命运和内心。“达摩”两个字，提炼到了不能再抽象的境界，只是遗憾于是抄袭金庸先生的，不然真能体现出顶尖企业的商业智慧和价值丰度。

（2017年10月11日）

绝代双骄

飞机被推迟起飞，等待某美国政要专机起飞的时间实在无聊，顺手拿起美元和人民币研究研究。

感觉从设计方案来看，两种纸币都充分植入了民族文化和国家精神，人民币的尺寸和色系符合华人心态，大气富丽，色彩鲜艳，纹饰繁复，设计方案切入包括东南亚在内的整个华语区，嫣红姹紫，暗含对消费行为的敦促鼓励，但文字和数字很多，不够简洁。美元墨绿色系质朴庄重，体现出信用时代的极简主义、实用主义的一面。从画面主体元素看，100元人民币正面的毛泽东主席眼神注视远方，不像100美元正面的本杰明·富兰克林总统眼神始终正面注视着你，颇有交流感，虽然他面相没有毛主席慈祥，但与他对视那一刻也怦然振奋，令人联想到商业灵感和创业故事，称得上是美元的亮点。

人民币热情感性，美元冷静理性，各有千秋，但人民币纸面纹理细密，

人民币与美元

更有质感，美元纸面微有磨砂感，质感几乎与报纸接近，且美元正面只有两色印刷，背面仅有单色，印刷成本实在太低，有糊弄广大人民之嫌。当然，得承认，100元人民币设计得再漂亮，可能也没有100美元招人喜欢，但美元设计和印刷以后就这么凑合粗制滥造不思进取的话，对用户没有诚意，早晚得求教于渐变色系选得很时尚的人民币和欧元。

（2014年11月12日）

好　舞　蹈

偶然打开电视看了半集《中国好舞蹈》，感慨今天的电视竞争成本之高：灯光、舞台、声音和音响、置景、场地、嘉宾、职业策划人、特邀撰稿人、美女观众……电视竞争步入高成本和微利时代。而且现在的综艺节目投入的机位太多了，诸工种的统筹驾驭和场面调度，租机器钱都便宜了日本造的摄像机，因全世界电视台摄像机都是日本造，哪国喊抵制日货，等于宣布电视台关门。感慨这是一个技术优先、内容为王的时代，一个策划的时代，一个团队协作的时代，但归根结底是一个讲求专业的时代。

舞蹈的魅力被电视放大，当代中国青年人多元的面貌被包容而真切地呈现，炫技和煽情之间的分寸感拿捏得精当平衡。事实证明，专业的电视团队才能打造一流的节目形态，专业的舞者则让肤浅和一知半解的业余爱好者退场。

尊重专业，尊重专业人士的职业判断，应当成为工业化社会的基本法则。同样的，现代国家的本质在于深度工业化真正意义上的融合和覆盖，其内在魅力是专业与专业、职业与职业之间紧密匹配的正循环和自循环。一个曾经被外来侵略停滞发展的古老中国，经过数十年教育体系和职业传承积累，何时能够在各行各业都能真正体现出专业与专业、职业与职业之间和谐匹配的自运行特征？恰如小天鹅一样在秩序中舞出优雅风情。

（2014年5月7日）

志摩传奇

天凉好个秋，文津街南边的露天游泳池宣告关闭了，池边的细柳从此等待下一季蝉声。松风瑟瑟，锦秋知客，数不清的落寞与清愁。及至夕阳斜照，鹊声暗换，指间灯火，旧影数枝兰。

正萧索间，好友拿来一幅拍品给我鉴赏，吃了一惊，竟是林徽因和徐志摩的互赠书画装裱在一起。

志摩诗歌清隽，书亦如其文；林氏气质清雅但画作略显稚气，单就字画功力而言远远不如小曼。此作品被某著名拍卖公司J公司上拍后仅3万多元落锤，性价比颇高。当时夸赞了一番，没敢多言，其实书画整体观之笔锋软滞，疑为伪作。果然，志摩落款竟为癸酉年，就是1933年，那时志摩已驾鹤数载，怎能再与佳人唱和？林才女的画作未署日期，气脉平平笔触飘忽，不似惯常多用铅笔做底稿的建筑师工笔所绘，笔触间也失了惯有的清徐之感。感慨人心不古，J公司也出伪品，作假作得以硬伤公然挑战智商，有点过分了。

（2013年9月10日）

旋　律

这个世界有上帝吗？没有。不然怎么这么多爆炸和交战，怎么会有地沟油和李某某？上帝怎么会看着他的孩子们在物欲横流的世界里挣扎？但有时清晰地看见他分明在世间。当柴可夫斯基的旋律响起，当谭利华的指挥棒划破寂静，当彼得用琴键敲醒乐池里一湾湾心湖浅浅的涟漪和深深的波澜，深秋的群山盛夏的雨声暮春的暖月山阴道上的黄鹂次第涌来，交织成繁复明丽的光芒，照亮了一个近在眼前的真实世界，它质朴通透而又仪态万方，它瑰丽、清徐、婉约、雄奇，它因时而变因人而异，它若即若离而又存在分明，它印证着无数个我们无数的故事无数的内心，有时也可以如柴可夫斯基的世界那般宏大，华丽，通透，庄严，只要有这样的灵魂这样的刹那，上帝也将欣慰地坐下，静静地、细细地，为人们喝彩。

（2013年7月21日）

十方光明

——侯立远先生画展序言

当时只记入山深，青溪几曲到云林。在清远旷达的中国意境里，我们与“十方光明”系列作品相逢。这是一簇通灵的火焰，照彻与觉悟世间深刻的有情；这是一湾心湖的素雪，简淡留白处映现天外的明月；这是一丛静谧的花朵，从寂寂高古飘然而来，丝丝幽香还带着洛水的迷离。这是一阕黄鹂的浅唱，在有相与无相之间穿越宛转，醒来只剩童年的牧笛。这是彼岸也是此岸，这是画境也是文心，这是黑白也是缤纷，这是青绿也是火彩，是行遍四面八荒的苦旅与徘徊，是看尽光华璀璨的静默与独白，是横亘九万里绵延数千年我们千依百恋的那片故园。

人世间翠屿蓝色的风云络绎，人间世流沙金色的光阴如晦，世间人阡陌紫色的往事悠悠。即若是青金石与白砗磲研磨成粉，碧甸子和红珊瑚化为浆泥，亦不能比拟此际芳华垂降纸上，色相妙现笔端，对原色渐变层次机理的精当截取与匹配调和，在虚实相生之间的浓墨重刷和疏勾朗线，于月白皂青藤黄石赭中破茧而生的是今人的大青绿，当代的真写意；而留取皴、擦、点、染诠释光的透视格局，提炼树影、水势、山色、空境来表达人性共通的寂寥与风流，秉承的是古典画论里的大美术，完成的是观照全球化时代的新人文。

夏夜清梦里，雷声隆隆时，有缘者到此，在有限里看见无限，于山水中撷趣人生。十者，全也，性灵俱足；方者，成也，法度巍然；光者，技也，驾驭色相；明者，智也，普现万有。十方光明，是笔画也是心画，是物境也是情境，是自然也是自性，是墨迹也是玄机。

谛观十方愿，砥砺光明行。

（2017年5月31日）

感动今世　追随永恒

——纪念张纯如与她笔下的《南京大屠杀》

冬日阳光在远空落寞地闪耀，美国加州的山路格外沉寂萧瑟，一个清秀美丽的女子驾车行驶在Los Gatos的山间，把车停在一家名叫“Cats”的餐厅附近。数小时后，有人发现她在车里中弹身亡。这一天是2004年11月9日，死者的名字叫张纯如。

年仅36岁就与世长辞的张纯如，与NBA体育明星“东方小巨人”姚明、著名钢琴家郎朗并列誉为在美国最引人瞩目的三位华裔青年。她早在29岁的时候就出版了英文专著《南京大屠杀》，这是西方第一本介绍“南京大屠杀”及第二次世界大战期间日本军国主义侵略暴行的书籍。张纯如的其他著作还有《蚕丝：钱学森传》《在美国的华人》等。洛杉矶时报曾形容张纯如是“最好的历史学家和人权斗士”“在美国成长的华裔青年模范”。已故的历史学家安布罗斯曾说，“张纯如可能是美国最优秀的年轻历史学家，因为她了解必须用引人兴趣的方式来传达历史意义”。

历史波澜壮阔而又悄无声息，人们对已经逝去却依然震撼人心的历史往往很容易动情，因此，每个人在心中都保有一方“昨日的世界”。从当年一个柔弱女子掬来沉重的历史，奉献给今天人们的视线，到如今历史破空而来，伊人绝尘而去。随这一脉哀愁，张纯如和她瞩目的历史被拉进我们心灵深处，在今天思想的河流里不断地旋转、变幻、展示它丰富的镜面，使我们从流动的情节中走出来，触摸到生命的本体和历史的奥义。

纯如，这个名字出自《论语·八佾篇》：“乐其可知也：始作，翕如也；从之，纯如也，皦如也，绎如也，以成。”“纯如”这个名字寄托着美好的愿望，也包含着长辈对故国的思忆和对族群之间互相和谐的希冀。张纯如的外公张铁君曾是《中华日报》的总主笔，对抗日战争期间中国遭受到的巨大痛苦须臾难忘。而在美国新泽西州普林斯顿出生，在伊利诺州长大的张纯如获得伊利诺伊大学新闻学士学位之后也选择在美联社和《芝加哥论坛报》当记者，那一年她只有21岁。一个亭亭玉立的美少女，本来有无限丰富而乐观的新闻题材去开拓，但是她心中念念不忘的却是父母经常提及的：南京大屠杀。

还记得昏黄的斜阳下，扎着马尾辫的小纯如坐在院子里听长辈讲起尘封的故事，思绪就一下子拉回旧年。在童年的浪漫时光中，那是一个怎样的梦魇？加州最火红的火烧云，也没有那里的天空红得凄惨，美国历史上所有的龙卷风，也没有带走那么多的生命，瓶子里的魔鬼、丑陋的狼外婆，都比不上当年的日本士兵，他们是远比魔鬼恐怖的活生生的人。南京、长江，课本里面美丽的城市和河流，竟被尸体堵塞得水泄不通，江水也几乎被血染得鲜红……长辈的叙述经常萦绕在耳边，小姑娘一年比一年长大，记忆一天一天变得清晰，但是，在美国的图书馆里却一直找不到关于南京大屠杀的翔实记载。几乎所有的西方人都对第二次世界大战中希特勒的罪行耳熟能详，但却没有人知道日本人在中国进行的南京大屠杀。

为什么呢？

如果不是血脉里流淌着记者的职业敏感，如果不是脑海里纠缠不去的童年记忆，也许这一段真实的历史还会在人们的视野中沉寂下去。直到有一天午后，一个朋友来到张纯如在加州圣巴巴拉那间温馨的客厅，无意中讲起在美国东海岸的几个制片人最近完成了一部关于南京大屠杀的纪录片，但是却缺少资金进行宣传和发行。这几句漫不经心的话刹那间触碰到张纯如心中摇曳着的记忆火花。很快，张纯如就见到了两个年轻的华裔制片人，一位是社会活动家邵子平，一位是独立制片人汤美加。从此，张纯如经常参加他们组织的关于南京大屠杀的会议、活动，到博物馆、学校观看关于南京大屠杀的电影、照片，亲眼见到了长辈们沉痛而沧桑的经历。更为重要的是，张纯如发现，在加州、旧金山、纽约、洛杉矶和加拿大多伦多、温哥华，许多北美的华人社区中都有华裔在关注着那场惨绝人寰的暴行，大家来自四面八方，却都将还原历史真实作为自己的使命，都决心在南京大屠杀的幸存者去世前搜集真相公之于众。

1994年的冬天，张纯如应邀参加了在加州圣何塞城郊的库帕提诺举行的纪念南京大屠杀死难者会议，这次由亚洲保护第二次世界大战历史全球联盟赞助的会议吸引了来自中国大陆和台湾的很多历史学者，尽管与会的很多人已经对这段历史有所了解，但是当会议组织者在大厅中展示记录南京大屠杀的珍贵历史图片时，会场还是被震撼了——那一幅幅黑白的影像，人头罗列、开膛破肚、烧杀抢掠、强奸刺戮……拷问着在场每一个人的灵魂。在这令人窒息的氛围中间，长发披肩的张纯如格外引人注目，她的表情庄严而宁静，像在肃杀的沙砾里静静开放的百合花。

这一年张纯如26岁，一个纤细的身影，毅然投入到沉重历史的洪流中，立志用英文写作西方第一部关于南京大屠杀暴行的纪实著作。离开会议厅回家的路上，冬天的冷雨浇湿了一街的路灯，清寒的月光下面，张纯如白皙的手紧握着方向盘，手心已经被冷汗浸湿。从此，她频繁光顾各地的图书馆、档案大楼，打开一个又一个尘封的柜橱，将蒙上些微尘土的美国传教士、记者、军官的日记、胶片和照片发掘出来，仔细寻找美国人心目中关于南京大屠杀的记忆碎片。一次到美国耶鲁大学图书馆搜集素材，张纯如惊喜地发现了当年南京国际安全区委员会主席拉贝先生的一些文献资料，除了得知拉贝有一封写给希特勒的关于日军暴行的报告书之外，更为重要的是，张纯如了解到拉贝还有一本关于日军暴行的日记。她于是远赴柏林，通过德国教师协会，找到曾任德国中学教师的拉贝先生的外孙女莱因哈特夫人，发现了尘封达59年之久的《拉贝日记》。这本《拉贝日记》，现在已经成为侵华日军在南京暴行的铁证。

1995年盛夏时节，张纯如曾来到中国南京。与婉约清妙的江南女子擦肩而过，人们甚至难以分辨张纯如的国籍，但是行色匆匆的张纯如无心沉醉于江南风情，她在南京停留了近四个星期，由于气候不适应，张纯如经常感冒，但是工作却一点都不耽误。南京被称为中国的“四大火炉”之一，很多像张纯如一样的美丽女子为了保护皮肤而很少出门，可是张纯如却每天马不停蹄地采访南京大屠杀幸存者，寻访日军暴行发生地，深入图书馆、档案馆翻阅资料，每天工作时间在10小时以上。1995年8月9日，南京大屠杀遇难同胞纪念馆馆长朱成山在办公室里第一次见到张纯如，当一个纤纤女子说要写一部有关南京大屠杀的书并在美国出版，朱成山还有些怀疑，这么柔弱的女子能否写出有分量的作品。但是很快，张纯如用真诚感动了朱成山，她说，很长时间以来，西方国家只知道纳粹屠杀犹太人，不知道侵华日军在二战中也疯狂地屠杀中国人，一个重要原因，就是自“二战”胜利以来的几十年中，在西方有关日军侵华史实的宣传太少，声音太弱。

张纯如写作计划的一个重要部分，是到南京实地采访大屠杀的幸存者。在不认识任何人的情况下，张纯如给研究侵华日军南京大屠杀的权威专家、江苏省社科院研究员孙宅巍写了一封信，请求给予帮助。于是，孙宅巍安排王卫星和杨夏鸣帮助张纯如搜集与大屠杀相关的中文档案和材料并负责有关翻译工作。在张纯如下榻的南京大学西苑宾馆，王卫星和杨夏鸣生平第一次亲眼得见、一个年轻貌美的女子竟然为写作历史著作而孤身跨海而来。他们夜以继日地配合张纯如开始了紧张的采访活动，杨夏鸣的爱人还专门为张纯如在南京大学科研楼楼内借了一间空调房和一台多制式电视机。20多天的时间里，张纯如一行先后拜访了南京大屠杀幸存者唐顺山、李秀英、夏淑琴、潘开明、陈德贵、侯占清和刘永新等人。每天晚上，张纯如把拍摄回的南京大屠杀幸存者的证言重播，王卫星负责归纳，杨夏鸣口译成英语，张纯如则把英文录入笔记本电脑。为了忠实于原文，三个人常常就一个词反复推敲，直到大家都满意为止。

张纯如亲自为所有幸存者录像，向他们询问了许多细节性的问题。从幸存者当天的起床时间到早餐安排，从当时的天气状况到人们的装束，张纯如非常仔细地询问和感受当年的氛围，力图更多地还原历史细节和人性情境。如果不是围绕着一场真实发生的旷世惨剧，人们也许会以为是长不大的孙女在听长辈讲故事。将幸存者李秀英、夏淑琴的采访录像整理后，张纯如高兴地说，她们的证词与马吉、麦卡伦等西方传教士50多年前在各自日记里所描述的完全吻合，说明他们的日记真实而可信。采访夏淑琴老人之后，张纯如还与她一道前往当年中华门东新路口5号，也就是《拉贝日记》封面拉贝头像下面那幅照片的所在地。尽管周围的环境已发生了很大的变化，但张纯如仍然详细拍摄了现场，详细比照夏淑琴当年藏身的位置和周围环境。幸存者潘开明老人当年是一位人力车夫，对当年的南京城地名如数家珍。在讲述怎样死里逃生又怎样从长江边返回安全区时，老人提到了不少地名。张纯如按照这些地名，在当时的南京市地图上一一按图索骥，标明线路，没有发现任何自相矛盾的地方。在寻访过程中，张纯如的记录速度很快，几乎所有重要事情都有详尽的文字记录。她所拍摄的照片也都按时间顺序井井有条地排列。娴熟的打字技术和英文驾御能力经常令王卫星和杨夏鸣感慨不已。

张纯如非常珍惜来之不易的录像资料，为了保险起见，她坚持要复制一套。但从美国带来的摄像机是适用于北美地区的N制式，而中国通用的录像机为PAL制式，王卫星与杨夏鸣一连帮其借了三台都无法实现转录。杨夏鸣建议放弃复制，但张纯如坚持，并且打听到金陵饭店刚买了一台能够录制各种制式的高级录像机。抱着试试运气的态度，他们去了金陵饭店，工作人员只同意在饭店内租借，听说是为南京大屠杀搞研究工作，管理录像机的人员二话没说，同意杨夏鸣把尚未拆封的录像机带走，且分文不取。几天后，归还录像机时，张纯如买了一大包巧克力，以示感谢。

张纯如还带来了在美国保存的一些鲜为人知的关于南京大屠杀的史实材料，例如《魏特琳日记》的片段，张纯如非常敬仰这位魏特琳女士，她曾在南京大屠杀中保护一些妇女免遭日军蹂躏。这份复印资料使国内学界第一次知道魏特琳在南京大屠杀期间记了许多日记，并且完整地保存在美国。张纯如还带回1000多页中国尚未见到的有关南京大屠杀东京审判的资料。此外，她还带回一些美国友好人士收集的历史照片，其中有很多日军攻打南京、占领南京的老照片，为国内所鲜见。

约翰·马吉是当年在南京的传教士，亲身见证了南京大屠杀并有日记传世。在侵华日军南京大屠杀期间，他曾经冒着生命危险，用电影摄影机拍摄了105分钟胶片，记录下了日军在南京的暴行，成为留存至今的有关南京大屠杀的唯一动态记录。胶片中的近百幅画面现在已经被翻拍成照片，成为揭露日军暴行的历史铁证。当年约翰·马吉在南京曾经有两处住所，一处是南京骆珈路25号，即南京大屠杀发生时马吉借住的地方；另一处在挹江门附近，是依山傍水的小院。为了验证历史真实，张纯如一行人顺利地找到了骆珈路25号，后来又几经辗转，终于在南京第十二中学校园内找到了一幢破旧的小洋楼，左边与绣球公园一墙之隔，墙边是一洼池塘，后面有一座小山。经过附近老人证实后，张纯如非常高兴，在院落里不停地拍照、摄像，就像是一个重回故园的孩子。

1997年，张纯如用英文写作的《南京大屠杀》正式出版，在西方引起很大反响。对于不少不愿正视历史的人而言，张纯如的书无疑是“公然挑衅”。1998年，日本驻美大使藤邦彦专门在华盛顿举行记者招待会，公开指责张纯如“误导公众”，并运用日本右翼分子的“研究成果”对张纯如书中照片的真实性提出质疑。这给当时的中日外交关系掀起了一场不小的波澜。随之，张纯如平静地接受了日本记者的采访，在谈及史料真实性的时候，张纯如郑重说明，在《南京大屠杀》一书中，已经对来自美国国会图书馆档案资料、美国耶鲁大学珍藏的当时南京国际和平区委员的原始记录、中国和日本学者的研究成果、日本老兵的回忆录资料逐字逐句加以详尽注释，出处注释条目竟达350多条，每字每句都有详尽出处。在著作出版前，张纯如还专门请中国研究“南京大屠杀”的权威学者章开沅先生仔细审阅核实。

1998年年底，时任中国国家主席的江泽民访问日本，日本政府竟改变事先承诺，没有就侵略中国一事进行正式书面道歉，此事激起在美国华人的极大愤慨。1998年12月，美国公共广播公司邀请张纯如和日本驻美大使走进直播室，就日本承认南京大屠杀向中国道歉的问题进行了针锋相对的辩论。

在电视直播节目中，张纯如面对的是久经辩场的资深外交官，她没有丝毫胆怯，而是义正词严地质问，日本为什么至今还不敢明确承认南京大屠杀？并做出认真的道歉？美国公共广播公司向全美实况转播了张纯如同日本驻美大使的这场辩论。张纯如说，由于日本侵略中国，有1900万至3500万中国人死亡，日本还强迫数以万计的韩国妇女和其他的亚洲国家妇女充当日本军队的性奴隶，这些事实在美国鲜为人知。这些战争罪行在中国人民以及其他亚洲人民的心中留下了巨大的心理伤痕。中国人民对日本从未向中国做过明确和真诚的道歉这一事实感到痛苦。

战争不只是中国人的梦魇，更是全人类的灾难。就在张纯如启动世人对战争的反思之际，日本《产经新闻》发表“百折不挠要求更正”的社论，指责张纯如没有按照日本“历史学家”的主张来写这本书，要求她按照日本右翼学者的观点来做出“更正”，并说张纯如这本书是“故意贬低战前的日本形象”。

历史不容亵渎。谁也无法改变的是，《南京大屠杀》成为美国最畅销的30本书之一，并受到哈佛、耶鲁、柏克莱和牛津等世界一流大学历史学家的高度评价。它成为西方第一本用英文写成、非文学类的关于南京大屠杀的警世史鉴，连续14周名列《纽约时报》畅销书行列，经过十余次印刷售出10万册。1998年的春日，《南京大屠杀》被译成中文在中国大陆和台湾出版。

虽然《南京大屠杀》一书被翻译成多国文字出版，但该书没有能够进入日本市场。张纯如2001年在接受路透社采访的时候说：“我认为这是日本出版业的右翼分子在阻挠我的书在日本出版。”在一次国际学术研讨会上，张纯如第一个发言。她的演讲题目是“强奸南京”，当场就有两个日本人站起来向她发难，张纯如立即据理驳斥，批得两个日本人语无伦次，连连擦脑门上的汗，最后，只有夹着包灰溜溜地逃离会场。为了将南京大屠杀的历史公之于众，张纯如和她的家庭承受了巨大的压力。某些人别有用心的干扰使得张纯如“不断变换电话号码、不敢透露丈夫和孩子信息”。

灾难是历史的背影，历史在远方，“在世界历史中，很少有哪些暴行能与第二次世界大战期间的南京大屠杀相比”。第一次见到那些噩梦般的历史照片时，张纯如曾经因为愤怒几乎失去了知觉。就在那一瞬间，她做出了决定：“我要说出真相。”在书房里她经常重回那场人间地狱，有时会对着电脑颤抖和哭泣，有时因为过于震惊，无法哭出来。作为与黑暗历史打交道的美丽女子，张纯如的意志远远超出常人，但又很难说是不是因为这个研究领域本身导致了她的抑郁乃至死亡。张纯如曾在留给家人的短信中表示，希望家人记得她“曾认真生活，为目标、写作和家人真诚奉献过”。但是事隔不久，在名为“Cats”的餐厅附近，有人发现张纯如在车里中弹身亡。美洲曾经有一个古老的传说，认为上帝每当派天使下凡，都会再派一只猫作为天使的朋友。张纯如就非常喜欢猫，和丈夫道格拉斯最初相识的时候，张纯如还是一个二十岁的迷人少女，却有一只已经十三岁的猫。曾经陪伴张纯如的除了丈夫、孩子，还有一只名叫塔希的活了二十多岁的长寿猫。

张纯如的死因调查结论是：她向自己头部开了一枪，而且还有“其他证据”支持这一结论。但是她死去的消息一经传出，海外华人一片震惊。很多人本能地将仇恨之箭射向日本极右翼分子。于是，有人惊呼：“这是谋杀！”这里的谋杀有双重语义：肉体和心理。张纯如的经纪人、挚友、精神上的母亲苏珊悲伤地说：“她生命中的最后一个夜晚，我和她谈了两个小时。我还让她去纽约和我住几个星期，还谈到她可能要写一本儿童书。我不相信她会在第二天早晨结束生命。”还有一种说法认为，张纯如疑似被日本右翼分子组织设计谋杀，因为张纯如婚姻美满，写作事业蒸蒸日上，且有两岁的儿子，再加上她采取的手枪自杀方式，也非亚裔女性惯用的自杀方式。此种说法一出，立即得到不少关爱张纯如的人士响应，表示如有人愿意调查张纯如死因，愿出钱赞助。

不论最后的真相如何，张纯如和当年南京的死难者一样，都是那场残酷战争的受害者。南京大屠杀，贯穿着一脉相承的历史哀愁，包含着挥不去的沉重和复杂的心绪，至今还在几个国度数以亿计的人们内心回旋激荡，演绎出极为丰富的地缘博弈。幸运的是世人没有遗忘张纯如，近几年，还没有哪一位华人的去世在美国主流社会和亚裔社区引起强烈震动，据不完全统计，美国有230多家报纸、电台、电视台对张纯如之死展开报道，这在近年是非常罕见的。

张纯如以强烈的正义感在美国主流社会中树立了华裔的良好形象，很多华裔青年都把她看成是学习的好榜样。张纯如生前是由著名美籍华人组成的美国百人会的成员，经常参加该组织的活动并发表演讲。2001年12月13日，美国旧金山举办“永不忘却——南京大屠杀暴行史实展”，张纯如应邀出席展览开幕及和平祈祷仪式。当晚在旧金山圣马利诺大教堂，包括美国五大宗教领袖在内的近3000名美国人也一同为南京大屠杀遇难者祈祷，为世界和平祈祷。深沉如海的夜晚，教堂里的气氛凝重、肃穆，一名摄影师捕捉到了张纯如在祈祷仪式上泪光闪动的镜头，她的身影迎着教堂穹顶的光晕站立，宛若乌云之中举起火把的天使。《南京大屠杀》的价值，不仅在于它深入历史，深入民族，深入时代，更在于其揭示了中华民族、民族文化、中国观念在广大炎黄子孙心灵之中深深的浸润。龙的儿女们深信，只要有正义的守望、只要有经典的传承，当代生命就永远能与历史深刻的有情遥相呼应，我们则得以与悠远的民族气性和同为一，往来无碍。

子贡曾经请教孔子：“有一言而可以终身行之者乎？”子曰：“其恕乎！”记忆如雕塑，坚过磐石。生而为人，我们应当宽恕，但是决不忘记。

（2010年10月）

※

四

※

那时那日

公共汽车好

乘坐了一段之后发现，还是乘公共汽车好。一、流动着的座位很有戏剧性。二、轻松看街景，看各色骑行者构成了彩色的城市旋律。三、可专注而洒脱地看手机发信息。四、北京公交已经多了新配置：男性乘务管理员一名，据观察，这人至多是倚在栏杆旁，从来不坐，估计是有岗位要求。五、遇到老人时能让座，多了做好事的机会，由此习惯了车停靠之后寻觅老人以便让座。六、车上有两块显示屏，不时有新闻播放，也相当于移动客厅了。七、晃晃悠悠的像摇椅一样舒服，直至忘记了要去哪个站台。

（2017年6月22日）

再来一瓶

六一节送礼物啦！请记住是普天叔叔给娃们公布一个惊天秘密！是什么呢，就是关于“再来一瓶”！

“再来一瓶”的瓶盖需要交回，才能换回一瓶新的饮料。

但你是否知道，这个饮料瓶盖其实是回收再利用的，因造这个瓶盖的成本其实不低，回收使用比较划算。那么秘密就揭晓啦，当你在超市看到一堆饮料的时候，很容易发现其中哪个瓶盖有轻微的粗糙感、哑光感、磨砂感，考眼力！孩子们眼神最尖了，一定能够发现！请明天就去超市实践实践吧！记住悄悄地微笑兑奖，不要把秘密告诉别人，否则售货员分货的时候就先换走啦。

今天晚上回家，正赶上六一节晚会刚播完，在广告里发现现在竟然又出现了“再来一瓶”，于是把这个秘密献给孩子们，也怀念自己的游戏当年。六一儿童节快乐！

（2016年6月1日）

老　炮

电影《老炮》让我常想起当年的陪练司机。

刚学车那会儿开的是老掉牙的80年代的桑塔纳，车速一过69公里，玻璃就开始抖动发出复杂的异响，但教练仍然命我加油。

我不敢，怕再加油的话玻璃掉下来。教练说："没事，以后开好车到170也没声。"那份淡定、轻视但鼓励年轻人的派头跟冯导一样。

今天，已经不再欣喜于完成一系列复杂的手动切换之后在风噪里收获一种战栗或雀跃。身处中国经济的庞然巨舰，很难感受到速度感，只有不经意看到仪表盘上的数字时，才知道自己已经走得这么快、这么远，才知道车之稳，车之妙，以至于会心一笑。

（2016年3月1日）

时间都去哪儿了

到了广州，风景很好，但也没有赞美一番的心情。因在广州住的这个宾馆只有一层，屋里气温22度，潮湿，这是又要令人感冒的环境。房间似有一股蘑菇味，虽令人联想到松间明月麓外山房，但晚上睡觉还要把蚊帐打开才行，不禁回忆起在大学住宿舍那时的岁月。那是十多年前，北方孩子没睡过蚊帐，头一次睡时觉得特新鲜，想到朱自清写的“笼着轻纱的梦”，感觉睡在蚊帐里特别朦胧有安全感，不禁怀想旧日，往事的魅力在于平时从不居前，只在不经意遇见那时，如海潮般轰然浮现。曾经在一起摸爬滚打的兄弟们，你们都去哪儿了，时间都去哪儿了？

冬天的午后来到华为公司令人振奋，透过明亮的落地窗不时可见工作人员三三两两专注地讨论，走廊里整齐挂满了各国专利授权证书，环境整洁安静，员工们有秩序地工作，没有被访客所打扰。展示大厅内容丰富，系统而冷静地呈现出一个专注而立体的电讯帝国蓝图，屏幕上的内容用词简洁，没有口号，完全是用数据和事实说话，令人想到重剑无锋这个表述。与一名80后员工聊天时，他不经意间骄傲地说，华为人人都有公司股票，任总也只占到1.7%。事实说明，中国人有能力创出世界一流企业。有志有为，其灼其华。

华为所在的深圳市天气比广州暖和了不少，油绿色植物遍布城市，花开旖旎，途上叠翠。住的这个酒店据说是一年时间就建成的，是深圳速度的一个缩影。想起2002年曾给深圳电视台写过一句广告词，叫“深深梦想，深深相信——深圳卫视”。那时遥想这是一片五湖四海的创业者前来淘金筑梦的热土，但直到今天才亲眼看到深圳。只是感冒还没全好，退烧后还嗓子疼咳嗽。算来已经四年不感冒了，希望痊愈后能多长点心眼，变更聪明。

（2015年1月4日）

孙 悟 空

猴年到了，敬祝您阖府新春圆满如意！让我们向孙悟空同志学习，学习他五大优点。

第一，“贤”。工作能独当一面，成绩能直达天庭，能上能下能跟御马同吃同住，挂职锻炼扛得住炼丹炉。

第二，“健”。体力好驾筋斗云满世界飞不用倒时差，智商高会云计算用得了腾讯驾驭得了雾霾，心态好受得了训斥经得起误解。

第三，“慧”，七十二变变啥像啥能应对各种情况，创新基础设施投资思路，后勤装备藏在耳朵里，有效节省了公共空间，为节能减排做贡献（如果车都能停在耳朵里，就不用单双号了）。

第四，“敏”。火眼金睛识破各种假冒伪劣，受理百姓上访有求必应，坚决打击一切妖魔鬼怪，不怕跟皇上撕破脸，人脉贯通三界，每到一处都能喊得动土地，处置各种急难险重危机，带领团队成功保障唐首长顺利出访。

第五，“廉”。一箍一棒一袈裟而已，无车无马无房无产无随从，功劳是师傅的，酒肉是师弟的，女人是妖精的，形象遍及五大洲品牌不收代言费，传记行销多国没要求版税。如此神猴，怎不令人崇拜纪念！

（2016年2月7日）

百年有园

——献给北京师范大学实验幼儿园百年

忆昔门馆前，君当童子年。黄鹂催早课，紫藤映欢颜。

年复一年，时光悄静洗染着记忆，咿咿呀呀的学语，叮叮咚咚的风铃，斑斑驳驳的石板路，轻轻浅浅的木吉他。一砖一瓦，一草一木，都留下浓浓的师生情、故园情、赤子情。此情此景，斯地斯人，连绵婉转，直到百年。数不清的故事和欢笑沉淀在我们心田，总是在感怀人生、感恩成长的每一刹那，一次又一次带着我们重返这片故园。

蒙以养正，哺幼开新，杏坛三万日，桃李几千秋。百年以来，北京师范大学实验幼儿园学为人师，行为世范，笃实精进。行之以验，及之以幼，惠家健儿，大爱满园。从汲取百年学府人文底蕴到与海内外同业广泛互动学习，从最早将《易经》“蒙养”思想等传统文化精髓注入学前教育领域，到率先将蒙台梭利教法等一系列现代理念引入中国校园。从远赴新疆、贵州、青海等地支援幼教事业到全球教育家和各界友人纷至沓来。这里不只成为课程体系、案例系统、师资队伍和行业交流的鼎盛之地，更因不可复制的人文根脉、地缘特质以及百年实践积淀，成为当代教育尤其是学前教育含弘光大的重要舞台。她春种一粒粟，专注而前瞻；她润物细无声，宁静而绵长。

跨越百年，瞩目未来。北京师范大学实验幼儿园正在全面导入“学习情境化、课程多元化、运行数字化、师资国际化”理念，努力打造紧密追随时代律动、360度服务儿童成长的具国际先进水平的学前教育品牌。校门口的紫藤，将迎送更多的小伙伴；广场的玉兰花，将馨香更远的心田。新的百年里，让我们与每个小朋友做个约定：百岁生日那天，请再回来，看看伴随你长大的幼儿园。

儿时一相逢，千里万里心。我们相约今天，我们百年有缘。

（2015年3月12日）

养　草

开河春深冰如墨，宇外归来数苍烟。春回大地，养石斛兰花的盆里不知从什么时候起长出一株新苗，正惊奇时，友人告曰，这只是一棵草。

我到外面溜达时也注意看了，确实是随处可见的草。但仔细一想，觉养花养草没有分别，目的在一个养字，不在花草。于是我也没锄草，任它生长。不想月余之后，这颗草竟已亭亭如盖，把石斛兰都遮住了。

想把草拔了又舍不得，毕竟已经长得很大了，且初心是任它生长，不拔吧石斛兰在这颗草面前就像是大树下的小草一样不好生长，如果把草移到别的盆里，还得专门去买个花盆花时间移栽，抑或请朋友帮忙，但朋友肯定觉得这人有病，怎么养一棵草。忽然感想很多，一是人生真不易，很多事左右为难。二是古人说木秀于林，风必摧之。平凡如草长得太高，确实也不如不长。三是看来长得慢有长得慢的好处，不易养才让人更加珍惜。四是只好顺其自然，看这草能长多大。五是这盆花本就是某同志不养了放我这里，何不还给他把难题给他抉择。六是小小花草引人思索，泱泱大国，事竟如何。

（2014年3月28日）

手　　机

记得我的第一个电话是摩托罗拉掌中宝，银灰色的，很大的盒子，厚厚一本彩色说明书，但是新鲜几天就在骑车到教室的风驰电掣中不小心丢了。几个月后正巧母校设立了高达6000元的奖学金，被我侥幸混到，马上又买了个一模一样的，剩下的请客再请客没几天就挥霍掉了。再后来又用过三星、西门子、飞利浦、索爱、诺基亚、联想、阿尔卡特、酷派，深刻体验了不同品牌的设计思想，尤其是交互界面的亲和感和便捷性。如同近代的老照片一样，集体照上的人们大都是单个站立，个性斐然；手机的早期也是一个百花齐放的时代，即使是抠掉LOGO，仍然能够清晰辨识出品牌；而今天却是大量同质化设计方案充斥市场，创造力指数大幅下降的时代。总而言之，用过不少手机，但很羡慕别人一个电话能用多年，就像小时候曾和同桌念叨，一定要把这个新橡皮用到底。

最怀念摩托罗拉的小998，方便简单，和记忆里那个本科毕业的夏天一样的酷热和迷惘。喜欢一款简洁便宜的索爱，但信息每次只能发几十字。也曾追逐时尚用过联想一款红色的情侣电话，一次次收拾东西都舍不得扔。每次换电话时都忘记了目的是为什么，人在时尚和新功能面前没有招架之力，4000多元钱买个电话眼也不眨，但如果买其他产品呢多半会想一想。这时就会恍然大悟，原来手机价位并不低。

现在42英寸电视约4000元人民币，金五星批发市场里各色本土品牌手机只要400元左右，但就是没人用，满街都是苹果。我从来不用苹果手机，原因是：一、苹果for woman。二、苹果怕摔。三、不愿意支持员工连续跳楼的某公司。但也得承认苹果手机触摸屏反应很快，也承认ipad 好用，不得不用。

特反对苹果软件封闭保守，相信不大气的品牌归根结底混不了太久，因今天是一个开放和倾向分享的时代，赚钱靠的是功能和易用，努力满足用户一切需要。三星也是一样，连接电脑比登天还难。啰嗦了这么多，是因为现在用的这个三星最近老是出问题，屏幕关不上、发热、误拨电话等，跟了我一年多了，还很新，于是狠不下心，想换换还是有点不舍，尤其是电话本不知道怎么导过去。决心以后做减法，精简电话本，精简信息储量，争取返璞归真，用一个400元的本土品牌手机，里面200个电话本50条信息，功能简单不用担心中病毒。

以前没有电话时，想的是要有一个该多好，可以跟无数人随时联系。后来有了电话觉得电话号码就像是把人当作产品的条形码，如果不用电话该多好，谁也找不到我，可以像大杨树一样自由无声无息地高高生长。如果可以，应当有人建一个电子产品博物馆，把旧电视电话等等都收藏起来，等于沉淀一代人的心情和回忆。嗯，我可要鼓起勇气，准备换个电话开始简洁生活。

老　板

老板，是一个可敬的昵称。我曾陆续有四个老板，一个曾经历朝鲜战争，血与火的考验使她格外珍惜时间，经常晚上十点多还在指挥和询问工作进展，已年过八旬每天仍工作到深夜。一个算来也是年过半百犹自努力工作诲人不倦兼且保持着美貌和优雅。另一个曾在非典的时候拼命工作整天整天都不起身，落下了腰疼的老毛病，每到中午就腰疼得吃不下饭，以致于我每天吃双份饭变成了胖子。现在的老板每天工作到晚上12点，他仿佛就是一部百科全书，没有不懂的领域，平时学习和会议记录的本子已经攒了一个书柜。

旧年园中唤不见，斜阳巷陌数声蝉。算来已经从他们身边离开一段时间了，时常惦念想念他们。谁不想游山玩水看电影打麻将一觉睡到大天亮，可是忙着忙着也就忘了，习惯习惯也就习惯了，我说的这个人并不是我，而是我的老板们，中国人有个特点叫homesick，我看可能还有个特点是

"办公室sick"，他们每天披星戴月的，不是为了自己，想想觉得实在可敬。于是我陪着陪着跟班跟班也成了习惯，忙着忙着觉得明年到明年到明年的明年，也都一如旧年。旧年不知勤学早，高中时候像这么用功的话，早都上了清华了，牛津剑桥也不在话下。马年就快到了，祈愿明年老板的老板多给发点快枪快马，人说兵马未动粮草先行，希望老板的老板要让马儿快也让马儿多吃草，没草的话也没关系，表扬表扬也很好。

（2014年1月8日）

绿 豆 饼

怀念那个酷热得有些迷离的夏天，不知从什么时候开始街角小窗口多了一份绿豆饼的招牌，10块钱就吃得饱饱的齿颊留香。那年那饼已是旧事了，却忽见厦门也有绿豆饼，包装素净，名字叫作“赵小姐的绿豆饼”，令人想到丰子恺的漫画以及那个迷离的盛夏。而今已是多年以后的秋季，一钩新月天如水，又大口吃着绿豆饼，怀念旧时岁月，依稀看见，赵小姐从民国的老巷陌款款走来。

（2013年10月18日）

猪 八 戒

夏至快乐！这是到猪八戒网站参观拍摄的朱元帅。在知识经济质素的支撑下，售卖文化创意的在线交易平台迅速发展壮大，以前给人出主意没有明码实价，很难实现对等回报，自从猪八戒驾到，知识开始变现，也许价格不高，但却把大量头脑的碎片化时间转化为商业价值。而且，今天的猪八戒网已经壮大和多元化，主盈利已经超出创意创业的范畴，但猪八戒精神仍然悦动不息，当孙悟空、007都绽放远去，时代不再瞩目十全十美的孤胆英雄，而是转而关注那些有着各样弱点但却真切努力打拼并具包容精神的平民化传奇。

一直都很喜欢出主意，有的被采纳，有的没有，还有很多不知道该跟谁说，一直觉得遗憾。比如说一直希望电视机侧面能有个按钮，一按下去，不知道藏在哪里的遥控器就会嘟嘟叫。比如说建议我国能公布或在学校首先公布竖版地图，将南海国土等比例呈现，让公民从小就注入海洋国土的

猪八戒网站公司迎宾的猪元帅

意识和海洋文明的精神。再比如是否能国家出钱补贴改造经费，把砖墙改为钢化玻璃，加入高清摄像头系统，将所有餐饮店面的厨房都改成“透明厨房”，任何人可全天候观看食材到食品的完整过程，既有利于餐饮品牌传播，又创造了全新的饮食文化，从根本上解决食品安全问题。猪八戒这位净坛使者就能更放心地履职尽责了。

（2017年6月21日）

长　江　图

沿江在重庆和武汉参观，感受到要素配置和产业分工正在亚欧大陆发生深刻的变化，传统意义上的内陆内生性区域正在跨区域乃至跨国境推进产业链、供应链、价值链布局，面向全球统筹城市国际化质素和综合竞争力。渝新欧铁路可通达德国，汉欧铁路运回俄罗斯的木材。依托区位特色，挖掘发展禀赋，重庆市把小小的咖啡豆做成了参与塑造国际贸易规则的敲门砖。武汉市民营企业把设计端放在美国，汇去研发费用可达半个多亿。东湖新区对行政业务实现“三办”，即马上办、网上办、一次办，将来如果能升级为“分钟办”就好了。长江经济带正争分夺秒地参与新一轮国际分工，需要从分钟级层次简化优化和重塑行政审批事务，提升资源配置效率。而匆忙来到武汉大学和华中师范大学逗留，一时恍若隔世再没有时间的疾行。江城名校是那样沉静隽永，珞珈山风烟苍苍，桂子山晴翠濛濛，溪边黄鹂晚宿，浣花青蝶留云。学生们正忙着收藏风景拍毕业照，露天电影院曾上演多少世上的年华，石阶畔芳草依稀，仲夏的萤火，照见一季青春的长路，又追随多少奔赴五湖四海的足迹，静静地回响无尽的旅人的跫音。

（2017年6月14日）

奥林匹克精神

奥林匹克具有深刻的西方文明印记。关于奥林匹克运动的文字记载，最早可追溯到公元前776年。奥林匹亚作为古代奥运会原址，传说是以天神宙斯为首的奥林匹斯神系的主要发源地，时至今日，奥运会奖牌正面仍然是插上翅膀站立的希腊胜利女神和位于希腊的潘那辛纳科竞技场。

奥林匹克运动固然由来已久，但也曾经被历史湮没。它的现代复兴是在一定的文明演进和经济发展水平基础上实现的。从古代到现代，从一国到欧洲乃至全球，奥林匹克发展客观上受制于国际形势、地区市场化程度以及时代机缘。事实上，英国希罗普郡马克文洛克小镇一名普通的医生佩内·布鲁克斯甚至比顾拜旦更早推进恢复奥林匹克的梦想，但当时并没有成熟的资本条件、商业化环境以及发达的媒体竞争水平。1894年秋天，当顾拜旦向希腊首相特里库皮斯游说举办奥运会时，只是20万德拉克马的预算就遭到首相的冷遇：“希腊还是个穷国，人人都乐意过节，可谁来掏这笔钱？”这一事实说明，奥林匹克的成长依赖于一定的物质成本和政治代价，需要一定程度的社会动员和舆论宣传。从表面上看，正是基于奥运之父顾拜旦的毕生奔走，现代奥林匹克运动才得以在全世界复兴。而事实上，当时也恰逢资本主义在欧洲兴起，很多国家的有识之士都在思索战争与和平，思索振兴体育与民族自强之间的关系。当时北欧国家和英国都悄然掀起复兴古代奥林匹克运动之风，奥林匹克已经在欧洲受到不同程度的关注，有了一定的社会基础，某种程度上已经成为时代的呼声。很难想象，如果没有德国考古工作者成功发掘了奥林匹亚遗址，如果顾拜旦不是站在奥林匹亚废墟上发出感慨，也许他会转向对体育教育或是其他方式的探索。从历史上看，奥林匹克运动的传承发展往往得益于数位核心人物的强力推动。萨马兰奇先生接任国际奥委会主席的时候，曾有人预言奥林匹克运动已经灯枯油尽，但当罗格先生接棒之时，国际奥林匹克委员会正处于前所未有的繁荣之中。这从一个侧面说明与奥林匹克运动进行交往与合作的进程中，必须了解主要人物的个性，注意维护与其组织和个人的友好关系，充分尊重、征求其意见和建议。这种认识后来被北京奥运会证明是有价值的。

奥运会狭义上仅指奥运会从开幕到闭幕的比赛进程，但它实际上是奥林匹克运动在漫长历史时期在全球变化发展的过程，其内涵和外延十分广泛，且具有愈加丰富的趋势。奥运固然是体育竞技活动，却是以体育竞技为载体，政治、经济、文化、意识形态之手多边推动的结果。与奥林匹克运动诞生和发展相伴生的，是现代国际政治、经济、文化等多边力量多元碰撞和多向对话的一幕宏大戏剧。尽管当初顾拜旦希望排除国际政治力量斗争的干扰，试图使奥林匹克运动独立于政治之外，但奥林匹克运动进程背后的各种力量博弈从未停止过。

顾拜旦复兴奥林匹克运动目的本身就包含有国家振兴和参与国际竞争的动机。长期以来，奥林匹克的历史同时交织着特定国家和民族的崛起冲动，以及国际政治力量的某种博弈关系。有时候政治动机甚至成为某些国家组团参加奥运会的最大动机。因此，奥运会进程中不断发生这样的场面：有的国家派出的代表团成员只有个位数，有的国家最高领导人允许其运动员大规模服用违禁药物以提高比赛成绩。

奥林匹克运动也成为某种传达国家意志、完成外交目的的特殊途径。例如韩国与朝鲜在奥运会上的相逢，伊拉克、阿富汗代表团在奥运会上的亮相，都成为某种特殊政治在场的表达。

奥运会还经常被看作国家表达主权话语和某种政治意愿的特殊渠道，也曾一度成为某些国家对另一些国家进行政治倾轧与讹诈的工具。奥林匹克运动与社会主义中国之间耐人寻味的历史就充分说明了这一点。国际奥委会第六任主席基拉宁曾经认为“新中国作为拥有世界上最多人口的国家而不能参加奥运会是一种奇怪的反常现象”。周恩来总理更是曾经指出“只要把五星红旗升起在赫尔辛基奥运会赛场就是胜利”。

由此可见，奥林匹克并非十全十美，而是必然受制于时代和社会发展程度而具有这样那样的局限性。即使是奥运之父顾拜旦，在致阿姆斯特丹第九届奥运会运动员及全体与会者的贺信中也曾专门指出：“至于允许妇女参加奥运会的问题，我仍然坚决反对。”由此可见，奥林匹克的共同理想并不能超越国际政治现实。正像诸多政治家和奥林匹克官员一再阐释的那样，奥林匹克运动周围从来不是一个国际大家庭，而正是此伏彼起的力量博弈，才使人们意识到确立国际大家庭目标和走向这一进程的重要性。

奥林匹克的基本性质是以经济政治实力为后盾，以“软实力”为支撑的跨国资本行为。古希腊奥运会上，获奖运动员得到的仅仅是橄榄枝制作的花环。在相当长的时期内，奥运会的资金来源主要依靠政府和私人的捐赠，随着其规模日益扩展，所需资金、人力、社会成本越来越高，使得今天的奥运会进程已经成为一个包含着资本运作、商业营销、品牌植入的席卷全球的超大规模产业链体系。在运营策略得当的前提下，奥林匹克与社会经济之间存在着互为驱动的连锁关系，对于主办城市乃至主办国经济能够产生强大的拉动作用，创造着多方面的利好机会。1988年汉城奥运会带动资本约26亿美元，相当于韩国当年GDP的百分之一，使国内制造业和旅游业受益良多。1992年巴塞罗那奥运会直接或间接带动资本超过260亿美元，以至于20世纪90年代西班牙竟在西欧经济衰退中安然无恙，1996年亚特兰大奥运会创造了77000个就业机会，住宿业和娱乐业大幅上升，2000年悉尼奥运会则创造了近10万个就业机会，建筑业和服务业获得飞速发展。

奥运曾经捉襟见肘、步履维艰，它在现代的崛起归功于全球商业发展和大众传媒的力量。国际射击运动联合会主席奥莱加里奥·巴斯克斯曾表示：“我曾经多次说过，奥林匹克主义分为两个阶段，皮埃尔·德·顾拜旦阶段和胡安·安东尼奥·萨马兰奇阶段，萨翁对奥运做了许多重要改革，使得它成为世界上最为重要的体育赛事，拥有世界上人数最多的电视观众、广播听众和报纸读者。正是由于他的努力，才使得世界上最好的运动员能够汇聚到奥运同场竞争。”这种观点表明奥林匹克运动的成功发展主要取决于两个层面。首先，奥运会的知名度和渠道优势借助媒介力量能够有效吸引资本并赢得利润，以至于其本身也成为首席商业品牌，即使是其他世界上最顶尖的品牌也需要排队才能与奥运会握手。于是，奥运会借助资本之手在商业化发达地区招揽和捆绑强势品牌，在市场化欠发达地区裹挟地区优势品牌，将市场化不发达地区视为品牌推广和资本输出渠道，其发展元素高度积聚的巨变所带来的“雪球效应”使奥运会成为一场强势资本的博览会。经由资本的带动作用，品牌的总动员，产业链的连锁延伸，媒体的加速度关注，渐次成为以资本为推力，以商业为杠杆，以大众传媒为纽带，多种利好因素联合促成的一次优质资本的周期性释放。奥运会本身经由恰当的商业开发同样能够产生巨额经济效益，经由适当的商业策划运作，吉祥物、纪念品都可能成为盈利点。例如北京奥运会在举办之前，仅电视转播权就已经卖出17亿美元（被收入国际奥委会囊中）。

奥林匹克是美好的，但其本身是现代资本之手打造的商业行为，是产业链，是商业景观，就必然交织着资本的贪婪，因而很难去功利化，去商业化，去世俗化。从某种程度上看，它是富国轮流做庄的游戏，除去1968年的墨西哥城和2008年的北京，奥运会的举办城市基本上就没离开过经济比较发达的国家，其原因固然在于承办奥运需要巨额资本和成熟的市场化环境，但也缘于奥运能够带来巨大的资本增值机遇，必然被强势资本所争相掌控。

奥运会作为当代世界影响最大的体育活动和文化盛事之一，越来越发展成为一个全球性的跨文化传播工程。与奥运会相关的人物、事件、事物历来成为每一年度的媒介热点，从某种程度上，奥运会是一个超大型的电视节目体系、系列专栏报道和宏大的史诗性电影，是现代社会不可或缺的娱乐与文化消费形态。据报道，北京奥运会共吸引来自全球204个国家和地区的1万多名运动员、3万余名记者和近400万名观众的现场参与、报道和观看；全球有47亿观众观看了5400小时的电视转播。最广泛的广播覆盖区域、规模最大的全球数字化覆盖、新的收视纪录和天文数字的浏览量……奥林匹克圣火与当代中国相遇而展开的第29届北京奥运会，是一次东方与西方、传统与现代、文化生态与产业经济等诸维度、诸元素、诸系统之间深刻勾连、对话、融合和共赢的进程，其中潜行着丰富的传播命题、视角、方法和跨文化传播思维。同时，奥运会也意味着一次大众传媒的集体觉醒，诸多新闻报道、影视节目、文学作品争相涌现，表明与第29届北京奥运会进程相伴生的，必然是一次大规模的媒介表达运动，之中包涵着极为丰富的媒介话语、表达方式、传播理念和公关技巧，交织着或显或隐的传播动机、价值判断，以及文化或意识形态的对话与潜对话，并为新闻与传播学术研究提供了庞大的专业案例库和丰厚的思想空间。

奥林匹克包含着深刻的和平主义、人本主义祈愿，也寄托着某种民族自强、国家独立的动机。从奥林匹克的早期起源看，被公认为国际奥林匹克运动发源地的希腊自公元前6世纪开始曾经饱受战乱之苦，经过希波战争、伯罗奔尼撒战争，奥林匹克运动业已成为古希腊人在战争与和平、团结与分裂反复对比之后的一种理性抉择。从奥林匹克的现代复兴来看，被公认为奥运之父的皮埃尔·德·顾拜旦（Le baron Pierre De Coubertin），1863年1月1日出生于法国巴黎的一个非常富有的贵族家庭，1896年至1925年，他曾任国际奥林匹克委员会主席，直到1937年9月2日去世，顾拜旦的一生恰与两次世界大战相逢，他的青年时代是在普法战争中战败的萧条的法国度过的，民族创痛带来的无奈使他坚持认为青年人是国家的未来和希望，要使法国摆脱战败的阴影，就应该走“体育兴国”之路，同时作为卓有成就的教育学家和历史学家，顾拜旦对奥林匹克运动所寄予的期望也基于一定的历史反思，带有教化、启蒙之义，包含着期冀人类和平的深长愿望。

从欧洲范围看，奥林匹克在战后各国的复兴都被寄托以某种民族自强的动机，历届奥运会所表达的宗旨和情绪都包含着祈望民生安宁和谐的愿望，这本质上是人民意志的体现。正如《奥林匹克宪章》“基本原则”第3条所说：“奥林匹克的宗旨是使体育运动为人的和谐发展服务，以促进建立一个维护人的尊严的和平社会。为达到一定的目的，奥林匹克运动独立或与其他组织合作，在其职能范围之内从事促进和平的运动。”古奥运会曾经订立的“神圣休战契约”在现代奥运会中转化为实践和平理念的舞台，鼓励不同国家、民族、种族之间在体育竞技中增进彼此间的了解、信任与合作，从而有效减少对抗，减轻对立，减低爆发冲突的可能性和潜在的敌意。因此，奥运赛场上经常可以见到令人赞赏的场面，从1956年到1964年，两个德国在冷战铁幕下连续联合组团参加奥运会；2000年悉尼奥运会上，朝鲜和韩国分别派遣的两支代表团运动员胸前都画有朝鲜半岛图案，在同一面旗帜下挥舞朝鲜半岛的小旗，唱着朝鲜古老的“阿里郎”民谣同时出现在五环旗下。汉城奥运会前夕，有人半开玩笑地认为当苏联和中国都宣布参加奥运会之后，危险就减少了，一旦苏联队和中国队都到达汉城（现称首尔），汉城将成为世界上最安全的城市。

对中国来说，奥林匹克固然舶来，但它在一定程度上代表着人类文明的先进性，其中包含着和中华文明及当代中国融通互补的有益成分。奥林匹克在历史长河中排除万难，终成大器，其发展史本身就是一部不断进取和开放的历史。作为一个内涵和外延极其丰富的综合体，它是政治、经济、文化等诸维度、元素、内容、现象的总和。奥运会在商业和政治、个人追求与国家利益之间达成了某种默契，在功利追求与献身主义之间、民族主义与国际主义之间获得了平衡点，它同时满足着国家表现欲望和个人英雄幻想，成为民族精神气性的理想展示舞台，更因同时满足着人文启蒙需求和娱乐快感，以及个人励志的参照系，激发着广泛的沟通、团结与合作而备受推崇。在历史上，现代奥运会的举办经常与世界博览会的举办日期临近，二者在一定程度上存在着竞争关系，奥运也曾经无奈地成为世界博览会的某种附属，但正是因为其本身包含有宏大的竞技奇观和民族竞争叙事，最终保持了自身的特质而大放异彩。总而言之，奥运会并不是从一诞生起就光芒四射，而是由于在发展过程中逐步调整和适应时代，不断超越自身局限，才日渐受到全世界的瞩目，奥林匹克本身就是一部锲而不舍的史诗，值得学习和尊敬。

奥林匹克的历史印证了一句中国古话：有容乃大，自强不息。今天，奥运会已经用“体育”和“相聚”消解鸿沟，打破壁垒，弥合边界，成为广大公众易感知、可参与的分享欢乐、宣泄情绪、慰藉心灵、鼓励理想、敦促团结的盛大节日。正像奥运会的名字组合那样，奥林匹克从历时性顺序上经历“运动会”“奥运会”“世界奥运会”三个层次而抵达某种全球性文化的特征，所谓全球化并不在于千篇一律，恰恰在于对于纷繁质素的包容力。《奥林匹克宪章》百多年来曾经多次进行补充和修改，不断丰富和完善的进程也是人类对奥林匹克精神不断认识和深化的进程。作为体育比赛、文化生态和现代产业的综合体，奥林匹克运动及其人文精神体系随时代多方拓展，奥运会发展的历史就是不断摈弃狭隘民族主义、保守主义而走向民族合作主义、国际主义的历史，是追求和实践人类反复寻求和普遍推崇的团结、友爱、进步的历史。进取精神、包容精神使奥林匹克渐次走出地域、民族的局限。1859年，在雅典召开的首届泛希腊奥运会曾经严格遵照古代奥运会传统，规定运动员必须具有希腊血统，并不允许职业运动员参加，从1870年到1889年举办的四次奥运会因仅限于希腊血统运动员参赛，并没有引起全世界的关注，这个事实说明从地区性到全球性的进程必须摒除自私、狭隘和偏见。我们认为奥林匹克固然来自西方，但它不属于某个国家。奥林匹克精神代表了人类文明、进步的共同风范，完全可以与中华文明和当代中国产生广泛的互动与融合。

如前所述，奥林匹克在各国的勃兴都源于某种国家崛起和民族自强的动机，对于中国也不例外。1900年，北京城还在遭受着西方的炮火，《中西教会报》曾报道过在法国巴黎召开第二届奥运会的消息，那时很多中国人还不知法国和拿破仑为何物。1910年，在南京召开的中国近代体育史上第一届全国运动会曾以“争取早日参加奥运会”“争取早日在中国举办奥运会”为口号，尽管当时中国人还在为如何筹备巨额白银赔款而苦恼。1915年，中国与国际奥委会建立联系机制，最早进入国际奥委会的中国人王正廷曾作为全权代表参加巴黎和会并拒绝在《凡尔赛和约》签字，最早提出中国参加奥运会想法的张伯苓毕生致力于振兴中华，单刀赴会的刘长春代表了一代人的铮铮铁骨。就这样，奥林匹克悄然印证着中国人自强不息的脚步，中国同样非常推崇体育对于启迪国民心智、激励国民精神的作用，并将奥林匹克精神天然植入国家富强、民主、独立的民族解放进程，这似乎是本能的、无意的，但并不是偶然的，而是一个具有深刻文明和智慧的民族的必然选择，正如今天奥林匹克选择中国，也是中国实力增长的客观反映，是世界政治经济文化走势由西方到东方，由大西洋到太平洋的必然事件。

从历时性特征来看，与历史上的体育及文化经济活动相比较，奥林匹克与实体经济关系更为密切。从共时性特征分析，与当代同类形态相比较，奥林匹克精神价值引导性和认同感强，参与率高。这背后是文明进步的力量，是某种理想主义力量的胜利。世界反兴奋剂机构主席、加拿大人迪克·庞德曾有一句名言："保持奥林匹克理想的价值和道德标准，不把它卖给贪婪的欲望，这是一种完美和持续平衡的艺术。而获取如此大的商业收益的同时，我们并没有放弃所珍视的奥林匹克理想，正是这种理想，才让奥运会变得如此特别"。幸运的是在一代又一代有识之士手中，奥林匹克运动始终保持了一种对理想主义的热望和坚持，将职业体育上升为产业体育再借用资本和媒体的力量普及为大众体育的进程中带动公众由肢体竞技到心灵强健，进而敦促一种生命本体的进取、尊重和超越。奥林匹克的和平主义、理想主义特质同人类终极文明价值追求极其相似。奥林匹克与中华文明、与当代中国价值取向具有深刻的一致性，同北京市城市发展进程和城市战略定位存在着呼应关系，奥运会符合北京的城市身份和人文特质。对于一个洋溢着文明与进步的文化生态，国际奥组委不可能永远掩耳盗铃；对于一个正在复兴中的大国和充满自信的民族，奥运是一个绝佳舞台。也正因此，北京市郑重做出政治承诺，并如期兑现、成功举办了一届"无以伦比"的奥运会，并结合奥运特质制定城市发展战略，将奥运精神内化为城市发展坐标，至今传承不息。

奥运是人类文明成长的镜子，很荣幸奥运来到北京，很幸运北京缔造了堪称完美的奥运。生活在伟大的时代，深思城市发展，传承奥运知识经验，这是一种深刻的幸福。奥运会属于北京，但奥林匹克属于未来，它从来不是千篇一律、千人一面，而是有容乃大，百花齐放、百家争鸣；它从来不是放之四海而皆准，而是充分吸纳借鉴，博采众长；这意味着人类文明和智慧的精华。奥林匹克也是原则性与灵活性的统一，在协调全球不同国别、民族、阶层和力量的进程中以高度适应性和高超的驾驭能力、平衡能力，得以超越民族、种族、宗教的鸿沟，在资本与利润的权衡中赢得了资本，在敦促个体竞争与展示民族风采之中赢得了国家，在战争与和平之间征服了世界。

奥林匹克是一个宏大的舞台，北京奥运会谢幕之后，中国登临全球化潮流的风口浪尖，挑战与危机并存，停滞就意味着落后，落后就要挨打，不进，则退。奥运会的成功举办仅仅是有了一个乐观的开局，中国加速度行驶在千帆竞发的全球海洋，幸运不是靠对手跌倒所给予的，而是靠自己的进取和珍惜。在这个过程中，有必要警惕盲目乐观，而选择脚踏实地发展创新，质朴地投入学习和创造进程。前途是光明的，但仍然需要冷静面对，正如克洛斯基所说，真正伟大的成功，从来不是基于理性的计算，而是洋溢在内心的不消退的激情、道德要求和执着信念。同样的，摒弃盈利思维的机械视野和群体性考量，以心情、心理、心灵为尺度，质朴地投入到当代公众生活的广阔蓝图，将每一个人置于同样的生命起跑线上，互相搀扶，共同进步，在文化产业与现实生活、世界主义理想与现实主义发展的辩证进程中清理观念谬误，稀释文化隔膜，消除误解和隔阂，增进人与人之间的真诚交流，达成公众间的理解、包容和对话。这需要在扑面而来的大时代还原我们的人本坐标，超越传统、保守的狭隘意识，以全球视野定位价值原点和行为取向，重构我们的思想观念、行为方式、价值取向和消费模式，发现基于人类公平、正义、和谐的共通价值观，通过大众媒介和互联网、移动终端等新媒体建设开放互动式的沙龙和连线，向全世界传播无差别的人文精神、科学观念、国际主义，传承人类永恒的爱、智慧和希望。

（2009年6月）

奥林匹克品牌及其跨文化传播

作为当代世界影响最大的体育活动和文化盛事，奥林匹克运动会同时也是一个全球性的跨文化传播工程。在体育竞技活动之外，奥运会口号、会徽、吉祥物、主题曲、标志性建筑景观、官方会刊等构成的奥林匹克品牌识别体系从不同层次对奥林匹克精神加以形象化阐释和艺术化表达，在奥林匹克精神深入人心并产生多元价值的进程之中起到了非常重要的作用。例如，奥林匹克运动官方口号“更快、更高、更强”，从时间、空间和内在精神时空的不同角度表达了全人类的雄心，颇具励志色彩，有效唤起和调动着不同群体的热情，深度契合奥林匹克精神。又如奥运会的五环标志，五个不同色彩的圆形环环相扣，象征着最广泛的团结、友爱与进步。也有人士认为“圆”的造型与“五”的概念来自古代天文学、数学成就，在包括东方在内的不同文明体系，甚至在玛雅文明中都存在着广泛的对应关系。

奥林匹克品牌识别体系是承办城市基于奥林匹克宗旨和准则，结合时代语境和各自的文化背景，对奥林匹克精神、宗旨所作的共同宣言。从视觉识别的层面来看，奥林匹克品牌主要由奥运会吉祥物、会徽和官方会刊等构成。

历届奥运会会徽设计曾经经历了一个从形象到抽象、从复杂到简洁、从庄严到感性的过程。最初的方案多直接采用橄榄枝、女神、运动员形象，辅之以古竞技场、火焰、竖琴等欧洲古典元素，以某种袖珍宣传画的形态构成对奥林匹克运动深厚历史渊源和强健生命价值的明确宣传。后来，奥林匹克运动的壮大和发展也使得会徽的内容走出希腊奥林匹亚，加入富有承办国家和城市文化风情的元素，形象选择也从对运动的歌颂走向对奥林匹克精神的提炼和表达，形成了具有现代气息和时代永恒价值的奥林匹克品牌识别体系。

品牌是基于具体产品之上的具备可识别、可感知特质的高级消费文化生态体系，用品牌作为区分不同制造商产品的工具已经有几个世纪。事实上，“品牌”一词来源于古斯堪的纳维亚语“布兰多”，意思是“燃烧”。它曾经是，现在依然是牲畜所有者用来标志他们的动物的工具。根据美国市场营销协会的定义，品牌是一个“名称、专有名词、标记、标志、设计，或是将上述综合，用于识别一个销售商或销售商群体的商品与服务，并且使之同其竞争的商品与服务区别开来”。对于有形产品而言，品牌是资本的高级行为，要大量投入才有精良而恒定的品质，并在此基础上生成独特的品牌文化。从具体的层面看，品牌可以是任何名称、符号、标识或设计，只要它具有意义，给人以联想。从抽象的层面看，国际品牌标准工程组织认为，品牌是一个复合概念，它由品牌外部标记（包括名称、术语、图案等）、品牌识别、品牌联想、品牌形象等内容构成。而从产业运营的角度，市场营销大师菲利普·科特勒博士在他的经典教科书《营销管理》中对品牌的定义则是一种名称、术语、标记、符号或者图案，或是它们的相互组合，用以识别某个消费者或某群消费者的产品或服务，并使之与竞争对手的产品或服务相区别。

品牌盛行是同质化竞争的必然产物，现代产业竞争的日益激烈使品牌越来越成为引导公众辨识和选择不同企业集团、不同产品、不同服务内容，并使之与竞争对手相区别的重要尺度。对商业战略和具体运营策略的反复比较可知，品牌是比货币、建筑、机器设备更重要和更为长久的无形资产与核心竞争力，尽管产品及其广告之间的模仿、克隆动辄超越国界或省界，但是通常难以复制的是根植在公众心目中的品牌形象，以及目标公众对品牌的认同和忠诚感。

品牌形象识别体系历来被奥运会官方组织高度重视，顾拜旦曾经亲自设计奥运会会徽、奥运会会旗。从此，历届承办城市都精心筛选主题元素，设计符号语汇，锤炼表达技巧，斟酌认知节奏，以求能够创造性地阐释奥林匹克与城市发展脉络之间的逻辑关联。从历届奥运会会徽和吉祥物创作来看，成功的奥林匹克品牌识别体系应当具备的几个重要特征有如下几点：

一、在奥林匹克精神与特定民族、地缘、时代文化体系之间构成深刻的时空呼应关系。这主要包含三个层面：一是准确阐释奥林匹克精神特质；二是与特定地域的内生性文化系统建立精神联系；三是与时代浪潮和公众现实文化心理达成默契。奥林匹克借助商业之手和发达的媒介传播积聚了强大的资本攻势、宣传力度和某种文化轰炸效果。对于传统国家而言，奥林匹克传播从某种程度上是一次“软实力”博弈，即奥林匹克需要经由特定民族、地缘放大其传播效应，承办城市也需要经由全球曝光率强化其品牌辐射力，要在主权国家特定传统文化与价值的主体性以及奥林匹克的国际性之间找到传播平衡点，对视觉设计和表达策略是一次重大考验。

第29届北京国际奥林匹克运动会会徽将奥林匹克精神与特定地域历史文化传统及其时代精神融会贯通，是一个成功的品牌形象案例。“舞动的北京”至少包括几个显而易见的优点。首先，“象形”的表达方式固然来自原始文明，但同时揭示出中华文明的先进性（象形文字在早期文明中具有先进性），以及当代中国文化深厚久远的历史渊源和千年传承不息的蓬勃气象。正如赫尔岑所指出的：“充分地理解过去，我们可以弄清现状，深刻地认识过去的意义，我们可以揭示未来的意义。向后看——就是向前进。”象形线条是视觉的“世界语”，传达出深刻的历史意蕴和共通的现实感悟，直观地揭示出光明与曲折之间的辩证关系，以及人在追求光明的蜿蜒进程之中获得的热情、自由与超拔。其次，印章作为中国文化的典型形态，与中华民族文化传统和民族性格之间存在着深刻的联系，镌刻着当代中国对于奥林匹克运动的郑重承诺，印证着当代中国人与奥林匹克深层次的精神誓言和文化互动。中国印取法于自然山水，寄情于和谐画卷。钱穆先生曾经认为，“西方文化主要在对物，可谓是科学文化。中国文化主要是对人、对心，可称之为艺术文化”。中国艺术家往往致力于通过艺术创造和艺术分享达成生活与艺术合一。通过艺术体味人生，汲取哲学智慧，在人生中发现和创造艺术，获得深刻的人文自觉。艺术和生活的融通整合成为中国艺术可持续发展的内在动力，它不只在历史的时空闪烁，更汇入今天的时代洪流。正如造型质朴的中国印，线条鲜活、富于动感，包含着神秘的东方色彩和丰富的文化想象空间，以刀为笔，以笔明志，无声地暗示出当代中国的和平祈愿。再次，作为一枚印章，体现出与人的强烈互动感（印章最后一个动作需要在自己的手中完成），引申为对生命的承诺与执着，同时巧妙地提醒这里是“造纸、印刷术”的故乡。此外，值得一提的是北京奥运会会徽还被赋予各种解读，从一个侧面表现出多义性特点，有人甚至认为舞动的人形左脚踏着西藏，右脚踏着台湾，举手拥抱海洋，寸步不离自己的国土。以“中国印”为代表，大量中国元素也在火炬、吉祥物的设计方案中普遍存在，向世人表明中华文化的蓬勃生命力。

二、精准提炼基本主题元素和锤炼表达技巧。从罗马奥运会的母狼形象到汉城奥运会的太极虎，从蒙特利尔奥运会的海狸到中国亚运会上的熊猫盼盼，吉祥物设计的一般规律通常是对以来自本土的动物为主的事物作拟人化的表现。早在1968年，法国格勒诺尔布冬季奥运会上就出现了吉祥物“舒斯”，这一卡通滑雪小人形象是将滑雪运动员的形象生动化，选取滑雪运动典型的倾斜行进造型作为表现素材，富有速度感，线条流畅，形象地传达了雪上运动的坚毅、自信和乐观精神；但大大的头部和细小的身体之间的比例不甚和谐，使构图结构沉重，如果依托雪板和雪橇本身进行造型的拟人化，可能效果更好。与之相对比，奥运吉祥物设计史上败笔并不少见，例如：1996年亚特兰大第26届奥运会的吉祥物由美国一家电脑公司制作，类似的形象在动画片中屡见不鲜，造型根本不具有独特性和差异化，因为无从命名，最初的名字只好叫作“它是什么”，后来才命名为“伊兹”。提高品牌形象或符号的可识别度，便于公众对品牌名称进行直接指认，或

20 届

1972 年慕尼黑奥运会，吉祥物为德国猎犬“瓦尔迪”

21 届

1976 年蒙特利尔奥运会，吉祥物为海狸“阿米克”

22 届

1980 年莫斯科奥运会，吉祥物为俄罗斯熊“米查”

23 届

1984 年洛杉矶奥运会，吉祥物为老鹰“山姆”

24 届

1988 年汉城奥运会，吉祥物为老虎“虎多力”

25 届

1992 年巴塞罗那奥运会，吉祥物为小狗“科比”

26 届

1996 年亚特兰大奥运会，吉祥物为幻想生物“伊兹”

27 届

2000 年悉尼奥运会，吉祥物为笑翠鸟“奥利”、鸭嘴兽“悉德”和针鼹“米利”

28 届

2004 年雅典奥运会，吉祥物为古希腊陶土玩偶“雅典娜”和“费沃斯”

29 届

2008 年北京奥运会，吉祥物为福娃“贝贝”“晶晶”“欢欢”“迎迎”“妮妮”

30 届

2012 年伦敦奥运会，吉祥物为一只眼睛“文洛克”和“曼德维尔”

是简洁直接的指向品牌特质，有利于文化传播和衍生产品销售。例如1984年洛杉矶奥运会吉祥物“山姆”，将鹰与美国传奇主人公“山姆大叔”之间构成造型关联，迪斯尼气质之中穿插植入美国国旗元素，聪明、热忱而朴拙的眼神，带着几许憨气的神情，蓦然一怔的瞬间如同初次见到恋人的模样，传递出明快的个性，渲染出乐观、自信、友好的心理氛围。而“它是什么”（伊兹）造型呆板，不具备运动元素，仿佛可应用于任何项目。

从另一个侧面看，在形象设计中主动回避地域指认，也有可能传递出主办者强烈的文化自信情绪，尽管这种做法存在风险。与“伊兹”设计理念相似的是在2012年举行的伦敦奥运会形象标志，其构图复杂，带有某种抽象主义和未来主义格调，具备一定的深度阅读指向，传达了一种对多元未来所寄予的多元化信心，其实验主义和先锋主义气质，以及英国人面对质疑时特有的绅士性格显示出英国民族不同凡响的创造力和自信力。

三、涵盖多元化指认，在广泛人群之间建构亲和力。这其中包含三个层次：一是在广泛人群中具有共通性；二是不对特定地域文化禁忌构成关联；三是具有应用性，在不同装饰主题和材质的应用上构成和谐感。这方面较为成功的案例是1972年奥运会吉祥物瓦尔迪，以巴伐利亚地区纯种小猎狗为原形，加以流线型表达，使整体造型富于亲和力，浅色系的形象识别透出轻松和欢快，也表现出质朴、敏捷、坚韧、乐观向上的巴伐利亚精神。同时，狗作为全人类忠诚的朋友，洋溢的热情、质朴和剪影造型蕴含着对朋友的殷切守望，成为奥运会历史上令人难忘的友谊使者。1992年巴塞罗那奥运会也将比利牛斯山牧羊狗演绎为吉祥物“科比”，与瓦尔迪不同的是，科比的造型高度卡通化，表情中带有单纯而狡黠、羞涩与顽皮的性格，将巴塞罗那式的明朗、轻松演绎得恰到好处。奥运形象识别造型策略中的拟人化、卡通化思维巧妙地利用了某种生物学上的“幼态”适应规律。“幼态持续”（Neoteny）是社会生物学上的一个重要概念，其大意是指保留生物幼年状态的特征，利于受到同类的“监护”和养育。从现代娱乐业的造星策略中可以看出，很多偶像明星都具有明显的幼态特征，即眼睛占据脸部的较大位置，略含稚气。拟人化、卡通化的本质是一种幼态化，有利于形成对广泛公众的亲和效应。例如，1994年利勒哈默尔冬奥会吉祥物取材于十三世纪挪威童话故事中的“海康王子”和“科里斯汀公主”原形，2010年温哥华冬奥会根据所在的不列颠哥伦比亚省神话传说创作了“北极熊”“大脚”“雷鸟”三个形象作为吉祥物。它们的优势在于主人公取材于神话传说，具有叙事性，容易引发公众对于所在地域文化的好奇心，且童话色彩容易唤起超越国界的爱心、想象力和情感默契，有助于形成较强的文化穿透效果。

长期以来，奥运品牌形象识别体系以特殊的方式作用于公众生活，融入生活方式和伦理道德之中，受到各国人民的赞赏。作为国际奥委会为发展奥林匹克运动所指定的总章程和总规则，《奥林匹克宪章》为国际奥委会所承认的国际单项运动联合会、国家（地区）奥委会、奥运会组委会，以及洲际或世界性的国家奥运会协会所遵守。其中“基本原则”第2条这样写道：“奥林匹克主义是增强体质、意志和精神，并使之全面均衡发展的一种生活哲学。奥林匹克主义谋求体育运动与文化和教育相结合，创造一种以奋斗为主，发挥良好榜样的教育作用，并尊重基本公德原则为基础的生活方式。”当奥林匹克品牌符号通过各种渠道一再登陆公众生活，当公众从各自视角观照奥林匹克文化，当奥林匹克成为时代社会的风向标，某些奥林匹克精神、观念和价值准则正在公民社会中引起强烈的兴趣或者导致强劲的观念和行为启蒙，奥林匹克主义包含的丰富的世界观、价值观和人生观，正通过各种渠道深深地影响着时代，与这个过程相伴而生的多元主义、理想主义、精英主义、普世伦理和牺牲精神，已经成为今天时代精神中不可分割的重要元素。

第29届北京奥运会官方符号体系还包括吉祥物、主题曲、主要场馆建筑以及理念口号，它们同样饱含着中国对于奥林匹克精神的理解和创造。北京奥运会率先创造了“绿色奥运、科技奥运、人文奥运”的理念，表达了对奥林匹克与中国互动发展所寄予的期望，既迎合全球时代潮流，本身又是当代北京乃至中国发展的现实抉择。对全球公众来说，绿色意味着一种生活方式，同时带有一种理念上的召唤效应和对环境安全的暗示；科技意味着一种以人为本的服务精神，同时暗示出奥运会的某种时代先进性；人文奥运则展示中国与奥林匹克精神紧密融合的时代期许，暗示出当代中国及奥运所在环境的文明程度。正如美第奇家族成员所说：哪里出现繁荣，哪里就有可能有艺术，而且哪里出现繁荣、出现快速的社会变革，哪里就很有可能出现重要的、强大的，甚至是颠覆性的艺术。鸟巢和水立方作为北京奥运典型的精神图腾，本身就是北京奥运三大理念的产物和象征，它完美地表达了当代中国艺术与生活、现实与理想合一的文明境界。北京奥运吉祥物设计方案也包含着丰富的中华文化传统元素，五个福娃一方面可以看作是对多元时代某种和谐性倾向的象征性表达，另一方面传递出中国文化由来已久的多元素叠加的图腾思维，这方面的例子可以参见“龙”图腾的诞生。“福”文化自古以来代表着中华民族对未来的美好祈愿，意味着当代中国对奥运和五洲朋友的真诚祝福，“五”的意象既与奥运五环构成呼应关系，同时在中国文化中也具有多种指向。福娃所携带的自然元素与人的和谐气息既符合世界潮流和绿色奥运宗旨，又与中国古老的天人合一观念相一致。

四、将视觉方案提炼优化至最简洁、最个性。最少，就是最多。需要指出的是，奥运会历史上的吉祥物曾经有过组合式的先例，但五个吉祥物还前所未有，它的优点在于确实从数量上充分表达了北京的欢迎和热情，但也存在着明显的缺点。品牌的生命在于简洁而易于识别和记忆，元素不是多多益善，而是需要精确提炼，坚决取舍。一旦标志以组合的面貌呈现，本身就说明创作团队对于北京奥运特质的提炼度不够，在表达上缺乏自信。虽然如同官方说明的那样，福娃的原形和头饰蕴含着其与海洋、森林、火、大地和天空的联系，但艺术不是“1+1=2”。即使按这种说法，仍然在逻辑上似嫌混乱。众所周知森林和大地是同一类属。这种重复罗列也反映在奥运口号上，“同一个世界、同一个梦想”实际上用“同一个世界”或“同一个梦想”都能将主题涵盖，世界也包括梦想的世界，梦想也涵盖着对世界大同的追求；因此，完全可以省去另一部分，单独一句简洁的口号反而更容易形成多元化的心理指认。上文提到的悉尼奥运会吉祥物“悉德”“米莉”“澳利”虽然也呈组合态，但因物种不同形象各异。2002年盐湖城冬奥会吉祥物“雪兔”“草原小狼”“美洲黑熊”，其排列组合甚至具有一定的故事性暗示。而北京奥运的五个福娃表情相似，装饰特征明显的纹饰使构图复杂，识别度不够简洁，且造型大同小异，动感不足。如果说福娃与马家窑娃娃存在一定的素材关联，那么最终形象恰恰是去其精华的过程。众所周知，青海孙家寨出土的马家窑拉手人纹彩陶盆，是在接近盆口的内壁，描绘了三组拉手小人的纹饰，每组五人，有头饰，还有尾饰。题纹饰为舞蹈纹。共三组，五人一组手拉手欢乐地跳集体舞。线条流畅，寥寥几笔，使人物的动感、节奏感极强，而且拉手小人图案在今天的民间艺术里是个很重要的母题，总称为“抓髻娃娃”，在民间艺术里图式千变万化，成为人类繁衍和保护自己的神祇。试想，如果直接采用抓髻娃娃形象，则有可能具备中国印的传播效果（又与中国印形成某种重复），但直接选用不失为一个聪明的做法。且彩陶纹饰热烈、明朗、奔放且含有稚气的无拘无束的自由感本身与奥林匹克气质颇为契合，又富有图腾崇拜的神秘感，遗憾的是福娃最终设计方案已经看不出历史质朴的影子。

客观而言，福娃形象方案设计方向符合奥运形象设计潮流，选择共同喜欢的事物作为沟通使者，如动物、植物的拟人化方案，曾在各界奥运会普遍出现，尤其是有个性的，与特定自然历史或社会人群之间存在渊源关系的动物形象，历来受到欢迎。1980年，第22届奥运会在苏联首都莫斯科举行，吉祥物是一只名叫“米莎”（Misha）的俄罗斯熊，熊在苏联分布的种类众多，同时也是苏联的象征，呈现出友善、天真和活泼，也指代着俄罗斯文化的某种稳重、隐忍、热情和忧郁。熊猫作为人们喜闻乐见的形象，曾经被北京亚运会所选用。吉祥物的形象即使再深入人心，也绝不能一口气设计五个之多，五个福娃的传播缺陷在于趋向同质化，容易引起识别混淆，事实上公众可能只是记住了他们喜欢的那一个。这从某种程度上流露出北京奥运初次面对全球公众的某种不自信心态。从营销角度看，品牌实际上是一个投资行为，即使是设计存在一定弱点，但利用其猫科原形，如果在宣传中链接熊猫盼盼的影子，揭示对自然的皈依感，表达对多元世界寄予的和谐愿望和发展信心，仍然具备一定的营销价值；但事实是福娃在媒体的曝光度不高，奥运会中后期，其销量一度下降。吉祥物衍生品销售一直是奥运会重要的收益，五个福娃却明显不利于购买和结算，给营销工作带来麻烦，一下子拥有五个相似的纪念品需要巨大的消费冲动，两只手拿着五个福娃同样不可想象。事实上后来很多人都喜欢红色的福娃，奥运闭幕前后的鸟巢售货车上，红色福娃100元，其他80元甚至70元就可以买走。

由上述正反面案例可以得出结论：奥运吉祥物设计的关键之处在于个性，以及由个性带来的叙事性。2004年雅典奥运会的吉祥物“达依达拉”虽然也是两个形象的组合，但造型简洁，既反映出古希腊悠久的历史文化色彩，又传递出现代公众的乐观、和谐和幽默感。而五个福娃表情相似，造型大同小异，与其将青铜、彩陶甚至敦煌壁画元素纷纷加入吉祥物设计，不如只选择一种进行视觉演绎（将诸多精华集于一身的和谐思维如果用于全运会可能更为合适）。从创作核心来看，韩美林先生的画风本来是传统水墨技法与现代的巧妙结合，其作品往往能把写实、夸张、抽象、写意、工笔、印象等诸多手法的东方、西方艺术巧妙地融为一体，且具有灵动飘逸的线条美，但此次福娃画风却工笔画倾向明显，创作风格较为拘束，似有画蛇添足之感。且五个福娃的动作不具有速度感，仿佛略显矜持。

中国画的最高境界在于留白。空白是世间最美的图画，因为它意味着一切的可能性，给人最广阔的思想空间。在中国画里，笔墨只是一把钥匙，目的是开启画面之外更辽阔的空间，让更壮丽、美妙的山水流在人的心田。同样，物理实验中电风扇转动的事例说明，空白处是所有光彩的凝聚。遗憾的是设计团队忽视了这个道理，将韩美林先生的神来之笔用作机械绘图。同样因个性弱化而缺少叙事性的例子也包括北京奥运会官方海报。这种案例在奥运会历史上也曾经存在，正如英国广告学专家布里特说：“商品不做广告，就像是姑娘在暗处向小伙子递送秋波，脉脉此情只有她自己知道。”2000年悉尼奥运会选择澳大利亚独有的针鼹鼠、笑翠鸟和鸭嘴兽三种动物搭配组合代表大地、水和空气，固然丰富多彩，但多重指认反而会产生混淆，公众可能对品牌内涵感到莫衷一是。1988年加拿大卡尔加里冬奥会吉祥物为两只北极熊“热情”和“欢迎”，从外貌上很难看出二者的区别。1998年日本长野冬奥会的吉祥物“雪精灵”是四个表情各异的猫头鹰，分别叫作“nokki”“lekki”“tsukki”和“sukki”，实际上只不过是一个猫头鹰的四种表情。

吉祥物设计只是第一步，关键在于通过巧妙的方案传达某种意图，使吉祥物能够满足传达多种诉求。在这方面成功的例子是“米莎”的眼泪。米莎所在的莫斯科奥运会举办时世界正处于冷战时期，以美国为首的敌对国家为了破坏苏联的威望而联合抵制，中国也由于印度支那、阿富汗等问题未能参加，结果只有共81个国家和地区的运动员参加。奥运圣火接力由希腊开始，由于遭受西欧国家集体反对，只途经了罗马尼亚、匈牙利、保加利亚三个社会主义国家；因此，也只有社会主义国家和亲苏国家参加，虽然如此，奥运会仍照常举办不受影响。最后苏联取得了1/3的金牌，极为成功。以勃列日涅夫、苏斯洛夫为首的苏联高层极其重视这届奥运会，苏联想借此机会向全世界展示发达的社会主义成果，回应反动分子对苏联的抨击。苏联要告诉全世界，苏联不但在军事和政治上是无可争议的超级大国，在体育和经济上同样领先世界。50亿美元的投资也成为投资额较大的一届奥运会，遗憾的是最初的目的没有达到。16天后，在莫斯科奥运会的闭幕式上，一个巨型“米莎”又被簇拥着出现在体育场中央，它在向人们挥手告别时左眼角悄悄流下晶莹的泪珠，巧妙而灵活地传递出各种信息。对奥运的激动泪水，是因为朋友们要离开了，因不舍而哭泣，还是与俄罗斯略显忧郁的民族性格有关，又何尝不是为奥运会的残缺不全而委屈地流泪呢？无论如何，由于没有看到一届团结的奥运会，米莎感到很伤心，她要用泪水告诉大家，奥运会需要团结、需要友谊、需要和平。与米莎的深入人心相比较，在很大程度上，福娃在开幕式上只是作为花瓶角色出现。

五、易于与多种媒介平台实现视觉对接。平面应用是对奥运视觉设计的一项考验。仅以官方会刊平台为例，作为奥林匹克传播的独特载体，官方会刊作为奥运会发布官方信息，表达官方意志的权威渠道，既直接发布政策规定，对有关政策规定发挥解释作用，又便利发布官方机构动态，润滑事务管理界面，更对公众开通了交流渠道吸纳各种意见建议，活跃舆论氛围。第29届北京奥运会诞生了国际奥委会和北京奥组委授权出版的2008北京奥运会官方会刊，这是百年奥运史上除英文、法文之外第一份以主办国母语出版的奥运官方会刊，会刊的出版本身就代表了奥林匹克对中国——拥有世界上最多人口和悠久灿烂文化国度的敬意。作为第29届奥运会的官方全记录，中文会刊日均发行量超过20万份，在海内外均产生了重要影响。

成功的奥林匹克品牌标志设计方案，必然是在平面等多媒介载体上实现成功应用的典范，这在第29届北京奥运会上有所体现。北京官方会刊整体设计风格与会徽基本色系互相和谐，以奥运会赛程动态为核心，以运动员、教练员、奥委会官员的比赛和生活时空为线索，将北京城市市民、奥运志愿者与中外游客、嘉宾乃至全球关注奥林匹克的人们联系在一起，紧密跟踪与北京奥运会相关联的人物、事物、事件的动态信息，发现城市与奥林匹克结缘的温暖瞬间，同时及时发布有关赛程、气象、交通等服务性资讯，尤其关注与奥林匹克精神存在契合关系的事件，在城市追寻和发现印证奥林匹克大家庭团结、友谊、进步的情趣故事，同时也穿插呈现富有北京韵致的时代风景。官方会刊的情绪定位也延续着中国印的热忱气质和福娃的友好氛围，倾向于感性，多以鼓励性、赞扬性报道为主，报道内容多为好消息、正面消息、趣味消息，很多标题趣味盎然，洋溢着喜悦和热情，如“五个满意送北京”“大家庭成员近500名抵京”“罗格：和我们捉迷藏很难”“运动也幽默”等，传递给读者轻松、兴奋的阅读体验。官方会刊通常不进行深度报道，版面上图片所占的比例很高，摄影专注于体育和赛事本身，呈现人物表情背后赛事的戏剧性和命运的戏剧性，讲述的不是赛事进程，而是人和北京之间、人和奥林匹克之间、奥林匹克和城市之间发生的故事。会刊没有将奥林匹克精神定位为某种普世主义，传达某种特定的价值观，而是立足于新闻当事人的感受，传递某种在现场的情绪和体验。基于夏季的季节属性，会刊在版式设计上依托纸质本身的浅灰色调，以浅赭石色线条作为间隔线，同时将图片的亮度提高、对比度降低，使图片锐度传递出温暖的质感，制造出夏季光影特有的通透感。作为中文读物，会刊仍然关注包括外国人在内的所有人的状态和命运，以一种朴素的敬意表现出对人真正的普遍尊重。而据说2004年雅典奥运会期间，希腊报纸仍然有意忽视顾拜旦在奥林匹克运动的现代复兴进程中所起的重要作用，甚至连顾拜旦的名字都没有出现在任何一张希腊的报纸上。这未免与奥林匹克精神大相径庭，奥林匹克发源地是在希腊，但奥林匹克属于全人类。

奥林匹克品牌标志设计是一次使奥林匹克精神深入人心的宏大进程，其中贯穿着众多文化精英在艺术创造逻辑、人文精神累积和多媒介传播规律之间的广泛思考，凝聚着传统和现代、经典与新锐、地域和世界的多边对话和认知碰撞。对奥林匹克品牌标志视觉设计的研究和分析，有利于我们从跨文化传播层面、从视觉艺术角度理解和表达现代精神，传播具有时代风范的价值和文化。改革开放以来，在中国加速走向世界和世界更加关注中国的辩证里程中，奥运会、亚运会、大运会、世博会等众多极具影响力的国际性文化盛事争相登陆，香港回归、澳门回归，中华人民共和国50年华诞、60年华诞庆典活动接连展开，如何在日益增多的焦点事件及其讯息传播中，最大化地体现当代中国国家利益和文化诉求，给传播学学术界和传媒业界提出了新的挑战。第29届北京奥运会以恢宏壮阔的气度为世人奉献了一届“无与伦比”的奥运会，使奥林匹克精神和当代中国风貌深入人心，探索其中有益的传播策略和表达技巧，将为同类传播工程提供有价值的执行标准、传播范式、事务管理机制和媒介解决方案。

从对中国学术期刊网近两万篇文章内容检索结果中，可以得出奥运在各行业领域中的分布性影响如下：首先，以奥运为题材的文学性随笔、资讯性报道和理性思辨在数量结构上大体相当。其中，文学性随笔数量最多，资讯和有关理论思考紧随其后，显示出文化生态结构对奥运的某种平衡性反应。其次，社会行业领域对奥运的关注度呈现较为均匀分布的特征。政府管理、科学技术、文学艺术、传播媒介及企业商务领域在对奥运的反应规模方面居于第一阵营，典型印证了“科技奥运、绿色奥运、人文奥运”的价值诉求；教育和经济领域紧随其后，列为第二阵营；体育、工农业和青少年领域居于第三阵营。从所发表文章的内容属性上看，文学艺术类约占1/3，其次是围绕奥运进行的人文研究和商业思考占一定比例，从科学技术、经济、传播学、体育、政府管理等多学科角度对奥运进行观照的文章数量大体相当。相对而言，从教育、青少年、工农业、国际交流和历史学方面研究奥运现象的文章数量较小。将文章内容属性与刊物所在的学科领域进行比较可知，奥运在文学艺术类刊物、人文社科研究和体育类刊物中被选用的活跃度较高，而其他类刊物对奥运的态度相对冷静。文化传播的基本规律表明，任何一种思想文化形态向其故乡以外的地区和公众传播，都必须与所在地域的民族和人民达成广泛的对话与理解，必须与特定地域的社会生活和文化生态相契合，并对公众构成务实的价值召唤和日常人生的解释力、导引力；但显然奥林匹克是经由商业运作和媒介传播之手进入中国，对于中国公众的现实关切还距离较远，固然奥林匹克本身存在局限性，但也与承办国的智慧密切相关。

时过境迁，奥运过去之后，围绕奥林匹克进行研究和思考的行为呈现渐趋衰减的态势，原因固然多元，但在一定程度上说明了社会文化认知系统存在着某种短期性、短视性的局限。事实上，无论是从人文碰撞、体育竞技还是从项目管理、文化产业、跨文化传播等方面，奥林匹克都内涵富集、机缘丰厚，弥足珍贵、足堪珍藏，奥林匹克与当代中国仍然存在广泛“共赢”的更多可能性，应当引起更多有识之士的思考和关注。

（2013年2月18日）

※

五

※

经济学驾到

逆全球化

全球化进程受阻，根源在于全球价值链体系正在发生微妙而深刻的结构性变化。孟子提出“劳心者治人”这种说法已经快两千年，劳心者与劳力者之间的不平衡性至今没有在国际分工领域改变，发达国家凭着在研发、设计、营销等环节占据的优势地位获取大部分利益，其他国家仍然处在劳力者治于人的地位。全球价值链曲线实际上比几十年前更加陡峭，且劳心者们自己也没有把蛋糕切好，全球化红利在发达国家内部也是分配不均。一看到遥远东方开始推介高铁、发射飞船，不免都乱了阵脚，于是就出现极端的声音和从经济到政治的系统性恐慌。

反全球化的声音和保护主义手段并不能解决实际问题，抽刀断水不能改变市场之手必将拆除壁垒和推进全球资源配置愈加优化的趋势。以往都是某国朋友来访时手按在演讲台上头部前倾10°煞有介事地强调：“规则、规则，你们中国要遵守规则”，现在则是我们在用东方人特有的含蓄和克制以手臂上扬45°的礼让姿态呼吁：请遵守规则。这种转换表面上看去似乎是基于产品和技术贸易，实际上是关于“规则”的体系性再造问题；表面上看是某国打商业牌试图干扰其他后发型国家发展节奏、增加其竞争成本、减缓其产业代际更迭速率，实质上是劳心者阵营争取战略空间，推进“人工智能”和颠覆性新能源应用技术率先在以美国为首的西方国家使用的问题。技术封锁、石油禁运、人权指责甚至是意识形态碰撞、局部战争都不足虑，“机器替代人”才是我们作为人口大国的根本“命门”。

鉴于全球化进程还在深入发展，新的现象所包含的信息量有待于时代进一步挖掘和释放，这提示我们对于新事物应持有审慎但开放的判断，而不是陷于无意义的对立之中。从这个意义上看，逆全球化的判断为时过早，它实际上是寻求市场利益重新分配和公共事务责任机制再优化组合浪潮即将到来的先声，这将在全球范围掀起对政府与市场、资本与公共利益之间复杂关系的深刻反思。以前人们喜欢做二元判断，非此即彼、非攻即守、非胜即负，这源于从公元前到20世纪中叶积累的科学发现所支撑的阴阳鱼的逻辑、黑格尔的辩证法，使人们容易把见闻习惯性地归结于某种对立及其微妙的博弈之中。但后来我们又知道了波粒二象性、发现了相对论、发现了量子力和波的特性，科学技术的发展将推动全新的哲学、经济政策、商业模式、方法论和解决方案渐次到来，新的逻辑、新的价值观与世界观将刷新发展框架和战略判断，未来的经济学家们会以更为多元、包容和开放的眼光来看待第三个千年中的第一个百年。

再坚硬的石头总会有裂纹，再茂密的森林也会有缝隙，那里都是阳光即将穿透的地方，预言未来最好的办法就是创造未来。

（2018年6月16日）

金融监管

在伦敦学习跨境金融业务三个星期，把英国金融监管框架的秘密简化为两条：一叫无为而治，二叫就事论事。意即英国政府对金融业前端实行“无为而治”，广开准入之门，同时注重后端事中事后监管，形成以法律法规和信用体系建设为核心的国际化金融体系。另外，难免遇到黑天鹅灰犀牛和金融流氓等“闯入者”，但对此不上纲上线矛盾扩大化，而是通过法治手段做精准干预，对病灶进行定点清除。这段时间凌晨两点就醒了，睁眼一整夜，模模糊糊地记得梦见读了一篇丁石孙抑或是其他人的文章，很艰涩，论证的是经济危机、消费不振从根本上源于金融链条配比不当导致的资本循环周期错配。当时觉得对经济形势恍然大悟，醒来却都忘了，真想打车回梦里拍个照片记载回来。

（2017 年 11 月 16 日）

储　蓄

在南宁参加中国-东盟博览会，顺道到统计论坛里听了一会儿，竟然就有了新发现。请看，据《中国-东盟国家统计年鉴2016》介绍，中国2015年存款利率是1.5%，而印尼存款利率是8.34%，缅甸也高达8%。据此有人认为发财很简单，不考虑通货膨胀等风险的话，把钱存到印尼银行就行啦。现在中越互市贸易很热闹，在防城港市，双方边民每天都有8000元人民币的额度进行免税贸易，这虽然也存在着外汇交易的套利空间，但确实让两边的老乡们得了实惠。跨境贸易机遇广阔，与其存钱，不如搭乘跨国便车赚钱。

（2016年9月12日）

股票风云（一）

曾在英国雷丁大学体验股票交易员的职业操作，深刻感受到：股市只是交易员上场的战争，散户大多是做炮灰。所以只需低点买入券商股等着分享券商利润就可以了。散户们自以为冥思苦想获得的逻辑，可能只不过是随机性地卷入某个交易员频繁驾驶的利差快车之中的结果。

每个人进入股市时都曾签了风险协议，但遇到指数下跌时纷纷对国家喊疼。而监管层口口声声说搞市场经济要按市场规则，但却忍不住有时出手。当然拉升指数是次要的，要义在于救活流动性。凌霄羽毛轻无力，掷地金石自有声。中国这个天然被老百姓们寄予道德使命的政府体系谈何容易，一方面要保护中小投资者的辛苦钱，另一方面要跟各种力量做斗争，排除各种非市场因素的干扰，扶持真正的优质企业享受优价带来的发展红利。这是一个战胜妖魔鬼怪保护唐僧的故事，为了取到真经建立畅捷规范的货币传导机制和资本市场体系，孙悟空团队难免有所越位或缺位，直到终于做得到位。在这个多雨的夏季，很多人看的都是自己的钱包，但其实这场风波的本质是某种力量一直试图驱赶流动资本向西游弋回归欧美本土以保障旧有全球货币秩序的稳定。数月来从巴西到土耳其、南非，整个新兴市场货币都有跌势，甚至泰铢都在贬值，可能有人刻意制造恐慌情绪打压新兴市场的崛起，同时运用各种手段遏阻人民币成为世界货币。二战已经过去70年，战后世界经济秩序正在发生深刻变化，政治秩序也面临冲击，和平力量和反动力量正在发生转换。然而时代已经更新，今天的每个人都有可能以某种方式参与和左右历史进程，比如围绕个人股票交易行为建立健康的心态和稳定的情绪，坚定对中国经济积极和光明的预期。

（2015年7月29日）

股票风云（二）

金钱，最喜欢旅行了。他稳健、优雅而灵动，到过了所有的世界和心灵，穿透了历史的每一个角落。从古老的印加祭坛，图坦卡蒙的陵墓，从秦始皇的案牍，从金雀花王朝的宫殿，从代号“北京人”的神秘木箱，从斯大林的军列，从伊斯兰的犹太的梵蒂冈的账户，轻盈到达今天，闪现在每一双充满期待的目光里。他喜欢荡秋千、滑雪、冲浪等一切带有飞翔感和失重感的运动。在他的身后，总是留下宏大而细腻的戏剧、故事、辩论和数不清的悲喜。他曾在每个人面前停留，与每个名字交织成华丽的坐标系。他总是向新的未知发起挑战，吸引着每一个保有好奇心的人们奋力书写属于自己的时代。轻轻翻开日历的一角，金钱每天都去哪？明天又将在哪里停留？重要的不在于他的行踪，而在于他曾经来过，曾经与我们的性格、思想、命运所交织的那些片段，才是真正得以穿越岁月的我们赖以存在的那份永恒。献给2015年盛夏每个与股市这个故事结缘的人们。

（2015年7月18日）

股票风云（三）

因为时差原因，赶上出国睡不着就扯闲篇，这次扯扯热点吧：股票。

去年年底股市忽然上扬，一时众说纷纭。我看这没什么好奇怪的。作为世界第二大经济体，全球最大消费市场，连续多年政局稳定经济稳健边疆稳固，金融体系相对独立，宏观运行环境安全，风险度很低，是各类资本的避风港和孵化器。如果不是身在中国，如果你不是中国人，如果换一种外国人的观点看，相信你决不会小视这个国家，也不会像有的小丑一样终日给祖国抹黑添乱。你会从心底认为这真是一个有潜力的大国，尤其正值环球金融危机的时候，你会兴奋得哇哇大叫，总算这里还有一块福地，一棵大稻草。如果你是一个有冒险精神和专业思维的美国银行家，是一个和中国接壤远远看着广西县城里高楼大厦发呆的越南老大爷，是在华为公司供职的希腊白领，你是否会觉得，哇，中国人的股市，像中国人一样，太低调，假谦虚，只有3000点，太低了。这从一个侧面说明了我们对自己的预期。中国人，是否太过看低自己了呢？如果把世界经济看作一个股市大盘，只有中国GDP每年都稳健飘红、持续温和上涨，按这个逻辑，包括中国股市在内的中国概念值得投入，所以股指我看至少也得5000点，才算如实反映今日中国之发展跨越。得出这一结论，至少有两大原因：

第一，鉴往可以知来。汉唐以来中国一直向全球输出茶叶生丝药材，到了近现代这些都被称作初级产品。近年来不少人迷信民国，那就让我们回到民国，百年以前，1914年，很多人强调民国有多好多好，你是否知道那时铺天盖地都是外国货，一颗钉子叫洋钉，一根火柴叫洋火。而今天，我亲眼在汉堡在内比都在贝尔格莱德看见，大家伙在外买东西回国当礼物时都得认真看看标签，别一不留神把made in China给买回去就贻笑大方了。贝尔格莱德的售货员告诉我说，Like this supermarket，many many things made by China。确实，如果你注意观察，距离超市不远的贝尔格莱德大桥，也是made in China。当你被地沟油、高房价、上学难、看病难困扰时，你未留意到，自1914年百年之后，中国产品已经占领各国超市，包围你的日常生活，且是以和平方式，没向哪国派过八国联军。这是3000年未有之大跨越。

第二，不仅如此，2015年以来，中国已经在卖高铁、卖核电，made in China升级了，含金量提高了，从卖运动鞋卖牛仔裤卖塑料鸭子到卖流线形外观时尚运行安静的高速列车、卖日本人玩砸了的核电站、卖美国人也会发射失败的卫星，这中间悄悄跨越了一大步，快得让人来不及反应。百年以前，都是外国人到中国开矿修路，现在中国人到外国修路架桥，当然，也开矿。50年以前，是我们乞求着某国专家手把手教我们造汽车造原子弹，现在我们也有自己的原子弹，汽车也不比国外差多少，现在某国被制裁，西线面临重大压力，导弹列车都恢复战斗值班了，东线就靠我们挺他了，这和50年前我们面临的处境何其相似。历史划了一个圆圈又回到这里。今天，我们推上合、推丝路，到中东欧搞匈塞铁路，到大湄公河搞基础设施，你如果是纳扎尔巴耶夫的政府顾问，是塞尔维亚铁托麾下的老战士，是曼谷小吃店的老板，你能否感受到来自中国的看不见的浪潮。那么当你知道中国股市只有3000点，你心里是什么反应？这种事情我可没少见，就像上次看见有人把金丝楠的木马随手搁在招待所大堂角落，竟没人偷走。昨天在贝尔格莱德的书店，无意中看到书架鸟笼里有个小鸟食杯，很脏，但维多利亚的徽记和狮子标都豁然可见，这可是几百年的纯银货，怎么也得300欧元，服务生还以为我在看鸟呢，说30欧元，我睁大了耳朵，听清楚了是thirty，后面没有其他单词，真想问问买鸟送笼和缸吗。中国的股市就是这个鸟食缸，是金子总是要发光的。

（2015年7月）

石　　油

国际原油期货交易价格从夏天的107美元降到80美元，大家已经习惯了高油价，但遥想30年前，里根政府主导的国际油价只有10美元。其实石油天然气也许没有电视和教材宣传的那么稀缺，合理的价格也就是在30美元上下。按照苏联的成油理论，这些资源是地球深处本来就有的，也不一定都是由什么动植物降解而成。这些年油价大涨富裕了俄罗斯，从根本上造就了一个普京大帝和一个雄心勃勃的俄罗斯。扩而广之不少国家特别是所谓金砖国家都该感谢中国需求增长所带来的红利：澳大利亚卖铁，巴西卖铁和木头，南非卖矿，委内瑞拉卖油。俄罗斯今年一半的财政收入来自油气，现在美俄因乌克兰翻脸，油价面临下挫，俄罗斯老百姓的福利面临威胁，但从另一方面看却有利于中国在一个有利的能源价格面上进行经济结构转型升级，这种情况下我们应把难题甩给能源出口国，要求他们供给环保标准高的油气，以从根本上治理环境。随着原油价格回归，相信铁矿石、煤等大宗商品也将逐渐去泡沫化而步入理性价格区间，中国经济的日子就会好过些，加上涨工资等因素，愿今年春节大家都乐盼未来。

（2014年10月21日）

总统之谜（一）

什么是老大，老大就是他昏睡时也会令人战栗，他动与不动都令人惶恐，都令他人时刻思考自己的处境和生存之道。他长期高居全球议程设置的榜首和中心，占据思想家观察家们的每一个梦境。这一段时间以来，几乎所有人都在热议特朗普，都被他吓得够呛，这固然体现出大家积极应变未雨绸缪的意识，但从另一个侧面说明，我们还不具备正面挑战老大的资格。我们的战略定力、博弈技巧和应变艺术还存在差距。在顶层设计方面，我们缺少非战条件下应对美国的核心战略以及有效的手段体系，缺少面对最大对手的全天候全维度反应机制。在软实力方面，缺少足以与之抗衡的战略思想、全球价值观以及与其对应的传播力量和资讯发布终端。从中观看，我们甚至没有积极的常设反制机构和可即时启动的反制单元。这些导致我们每每只能消极应对，被牵着鼻子走，以至于我们只能寄希望于大决战，在此之前都被对手以各种冷和平的手段所袭扰乃至慢慢倦怠和恐惧。特朗普总统刚刚就任，就成功地隔岸消耗着我们巨大的研究精力和行政成本，这种不确定性可看作正是他的高明之处，一箭不发，却对我国构成资源消耗和战术测试。我国传统的“以静制动”“不变应万变”一时之间在某些知识分子那里烟消云散，他们真应该少看点布热津斯基，重新学习学习解放战争史，学学老一辈革命家的战略和胆识。相信红色民族的后人拥有坚定的战略意志，能够冷静清醒地坚持“你打你的，我打我的”。我们不怕特朗普退群，也不怕他建新群，我们能够在动荡中捕捉机会，摸到属于我们的好牌。其实人怕虎，虎也怕人，特朗普比起艾森豪威尔那肯定只是个纸老虎，请大家不要怕，不要乱了阵脚，好好过年，好马不问草，春到自然来！

（2017年1月25日）

总统之谜（二）

大洋彼岸选情激烈，几个月前我就大言不惭地预测了该是希拉里大姐当选。原因一是继黑人总统形象之后，美国已经拿不出太好的花样增强意识形态上的感染力，只好打女性牌。二是希拉里在鹰派和女性之间找到了平衡感，其寻求计划思维与市场和谐互动的理念符合时势。三是特朗普的言行实际上流露出美国国内种种不安全感，这与美国实力不符。四是中国老百姓乐见美国强大，乐见美国有个靠谱领导人。美国强才显得我们强，跟善变元首和滑稽国家打交道，看不出我们自己的本事。

除了当选结果，体会很深的是看看特朗普和希拉里两个七十岁老人唇枪舌剑浑然不顾长者身份竭尽讥诮之能事，不符合稳健包容的政治家形象，说明美国总统已经从精英化向平民化甚至是娱乐化方向发展，总统背后很可能另外存在着强大隐形但有力的利益集团和影子内阁。此外，世界第一大经济体诸元运行已经相当规范成熟，政党还能就大政方针和管理细节针锋相对，表明美国经济社会治理还存在很大的空间，不懈改革仍是不同时代不同地域的永恒主题。

美国实力结构的一个秘密在于它本质上是一个“好莱坞之国”，善于创造概念输出理念和软实力，喜欢通过设计桥段来委婉地影响和塑造世界格局。如果是个性鲜明喜欢出节目的特朗普上台，全球观众都有福啦，国际政治将接连上演情景喜剧和黑天鹅事件，叙事会相当平白简洁，惊悚开局多变情节和奇葩收场将不时出现，这让人不禁怀念那个优雅有力刚柔相济不战而胜苏联的里根和里根时代。想要一个完美的总统，想要扮演好美国总统的角色，那只能找专业演员。因此，我想把选票投给甘道夫或者皮尔斯·布鲁斯南。

（2016年11月9日）

总统之谜（三）

独家预测：希拉里将当选美国总统。

近年来，女性担纲领导人的情况越来越多。继武则天、叶卡特琳娜、伊丽莎白等第一代女皇之后，有了撒切尔夫人2.0版本，又有了母仪大半个欧洲的默克尔、韩国女总统以及新近出炉的英国女首相等3.0版本。中国台湾地区也出了一个蔡英文。还有昙花一现的泰国美女总理以及忽隐忽现的昂山素季。有人认为，有可能未来联合国秘书长也将由女性担任。女性从政固然与其国家特有的政治环境有关，但也客观体现出女性在平衡矛盾、拿捏棘手问题的分寸感以及公共关系维护等方面有其独特的优势。

奥巴马上台之后，全球公众一点一滴地在看着，他一步步地由小清新的形象，变得越来越像电影里的反派，在内政外交领域如此平淡一无建树，且这些年里不少地缘罪恶的根源都指向他任内的美国。

美国人是怎么忍受连续几届的“傻瓜”总统的？这反映出怎样的国民

心态？这是否表明某些国家已经形成稳定的“同心圆”结构的社会圈层体系，即绝大多数平民们在稳定可预期的社会保障体系中安之若素，而在这个圈层之外是少数掌握垄断性资源的精英阶层，他们在全球范围内竞逐博弈，他们唯恐天下不乱，纸醉金迷，为所欲为。比如文莱，老百姓们有优越的工资和社保，他们并不关心其王室有多么奢华。又比如美国，把本国公民稳住之后，放手在全球挑动战乱铺陈阴谋。为了推出黑人总统，好莱坞足足策划了30年。黑人形象淋漓尽致地体现出美国的包容和多元，但其碌碌无为的背后也显而易见地暴露出：一、公众已经满足于小富即安闭环运行，已经不再积极参与国家行为；二、总统背后另有一群高人，他们才是世界经济政治的弄潮儿。塑造黑人总统之后，打出特朗普已经不够刺激，他们很可能力推强势女总统。从此，一尊可凭海听涛也可举枪瞄准的自由女神，在鹰与鸽之间尽得进退自如游刃有余的从容感，将给新一季的总统剧献上更多的卖点与想象力。

（2016年9月7日）

台 湾 志

往事如烟，栩栩如生。以往事的姿态怀抱历史，别具一番深度。我们回望台湾沧桑，不是对往事浮光掠影式的回顾与重现，而是一次面向未来的反思与斟酌，它仅是一次至情至性的回眸，以宏阔的智慧返照中华民族生存发展的一脉蜿蜒，在澄澈、平和的情境中任由往事去来。

台湾是很多华人永志不忘的原乡。1919年冬天，台北人黄土水的雕塑作品《山童吹笛》在日本美术展览会上公开展出。舆论认为，这为台湾艺术家争了一口气。当日本参观者被牧童水牛相依相伴、陶然自乐的中国意境迷醉的时候，他们没有体会到其中蕴涵的那种浓重悠长的乡愁正是如同雕刻一样不可磨灭。第二年的冬天，另一部饱蕴乡愁的作品震动了海内外，这就是长达600多万字的《台湾通史》。当《台湾通史》陆续在台北出版时，它的作者连横已经满头华发。

动手写作《台湾通史》的时候，连横还是个小伙子。1895年《马关条约》签定，日本海军陆军大兵压境。就是在这种形势下，台湾巡抚唐景崧、原工部主事丘逢甲等人组织动员了近十万人保卫台湾。在飞虎旗下，台北同胞严阵以待，日本大军迟迟不敢登陆。血气方刚的连横被这种保家卫国的氛围感染，开始收集台湾人民抗日活动的文献资料，决心书写历史勉励后人。后来《台湾通史》辗转传到国学大师章太炎手中，章太炎也被这多达36卷的著作所震惊。

中国领土台湾，包括台湾本岛、澎湖列岛等近百个岛屿，总面积超过3万平方公里。中国最早的地理历史文献《尚书》曾对台湾先民向大陆进贡柚子作了记载，《列子·汤问》中称台湾为“岱员”，《三国志·吴志》把台湾叫作“夷洲”，隋唐至宋朝时称台湾为“流求”。元朝时，又称台湾为“琉求”。在明代，人们经常以台湾局部的地名如鸡笼、淡水来指代台湾。历史上对台湾至少有18个称呼，台湾现在的名字开始于明朝万历年间，从清朝康熙二十三年台湾府设置起，台湾的名称被正式固定下来。

台湾旧石器时期长滨文化遗址所发掘的石器，与湖北大冶和广西百色出土的文物颇具渊源，台湾新石器时期的大岔坑文化遗址出土的陶器和大陆沿海的绳纹陶器同属一种文化类型。台湾原山文化的石锛起源于福建、广东，而台湾凤鼻头文化遗址出土的各类石器、彩陶都属于华南沿海地区“几何形印纹陶文化”的一部分，台湾历史文化的根底在大陆，海峡两岸文化联系心心相印、息息相通。

台湾地区作为中华民族的生息繁衍地，历史可直追远古。历代中国政府相继探测和经营台湾。从吴王孙权算起，时间比哥伦布发现美洲早出一千多年；即使从明代嘉靖年间设巡检司开始，也比英国在北美洲建立弗吉尼亚殖民地早半个世纪。就是从连横的儿子连震东从日本侵略者手中接管台湾开始，至今也超过70年。年复一年，想“汉习楼船，唐标铁柱，宋挥玉斧，元跨革囊”，伟业丰功费尽移山心力，家国故事永不完，正如大词人吴文英的那首西江月：“江上桃花流水，天涯芳草青山。楼台春锁碧云湾，都入行人望眼。一镜波平鸥去，千林日落鸦还。天风袅袅送轻帆，蓦过星槎银汉。”

（2016年1月28日）

失　联

关于亚航失联事件的猜测。应尚兄、陈师弟、郑姐等好友要求，再说说对热点事件的个人看法，不当之处请谅。

今年三个航空疑案都指向一个国家：马来西亚。三个疑案创造了一个新名词新概念叫作：失联。历史将记住这个颇具危机公关智慧、无奈心态和侥幸心理相交织的新词汇。失联事件如果非人为主导，本身属于不可测事故的范畴；如果是有人刻意而为，其目的就不是区区几架飞机和数百人，真正的破坏力在于制造地缘危机、引发国际矛盾、干扰乃至阻断全球化进程。

为什么是马来西亚？看看地图就知道，这是一个被广袤的南中国海隔成两段的国家，西马来西亚北接泰国，隔柔佛海峡连接新加坡，而东面地接印尼和文莱。历史上马来亚和新加坡曾组成联邦，后来新加坡退出了，至今已将近50年。听说这些年在新加坡的华裔大都不愿生育，以致马来人的比例大幅上升，或者有一天马来语会把华语挤出新加坡。从这个意义上讲，马新都必然需要马新高铁，但也都需要虚张声势地在商业谈判中获得相对主动的处境。在这种形势下，中资企业应当保持定力，不能动辄因马来政府的设卡和拉抽屉惊慌失措，应当坚定地提升产能优势相信酒香还有别人饮，即你稍有迟疑，我就涨价3%，以此立下规矩，防止其他东南亚政府的讹诈和胁迫。

如果棋手在东南亚地带博弈，他会落子哪里呢？马来西亚是不是像围棋盘里面的“三三位”，牵连着众多东南亚核心国家？如果这里被搞乱，谁会得利？是有地区竞争关系的越南，还是需要廉价劳动力和市场，不希望东南亚做大的美日发达国家，抑或远在大陆的中俄两国？曾几何时，马来西亚贵为四小虎，同时媒体很少披露的是，马来西亚是伊斯兰世界重要的金融中心。

马来西亚不是池中之物，双子塔作为世界首席高楼，显示出了雄心。而马哈蒂尔总理曾较早喊出亚洲是亚洲人的亚洲，是东南亚地区少有的保持战略清醒的政治家。马来西亚也是历来对华友好并懂得尊重中国，基本上光明正大且有大国心态的国家。不客气地说一句，新加坡毕竟是弹丸之地，软绵绵的泰国和爱冲动的越南都难以成气候，如果马来西亚不崛起，东南亚永无大国。这里不谈复杂的跨国公司市场争夺、劳动力吸纳、产业链转移，也不提金融博弈、人民币国际化、跨境清算或是地区竞争力比较。仅从很直观好懂的旅游业来看看吧。怎不让读者为之惋惜，泰国政局一度更迭，经济社会形势仍然不容乐观，马来西亚今年接连出事，这两个国家其实都是旅游大国，旅游业在马来西亚也占很大比例。新马泰历来是中国人旅游的重要目的地，这不是偶然的，而是经过性价比衡量的选择，距大陆周边路途不远、服务相对成熟完善、在旅游体验中能有安全感，文化相通且能找到民族自豪感的主要就是这三国。而今却很多人不敢坐马航，让素贴闹的不愿去泰国。亚航事件之后，估计新航和印尼鹰航都会份额大减。那么中国人去哪旅游？是去夹杂着陌生感的越南，还是去曾有历史恩怨的日本，抑或曾经爆发反华事件的印尼，还是去怨气四溢的某港，去处处可能藏着一双眼睛看你的某岛省？没办法，目光只好转向欧洲、澳大利亚乃至太平洋深处。那是一笔不小的费用，仅机票就相当于一台60英寸电视机，相当于云南10日游。

航空业是现代业态，典型地体现出一国的科技能力、服务业层次和管理水准。马来西亚几次突发事件，已经让全世界看清了东南亚、东亚乃至中亚、南亚多国处置异常空情的能力和响应速度，看到了应急体系建设和危机公关执行水平，看到了不同国家和公众的心态和舆论弹性。这次亚航事件至少说明：第一,三次事件彼此联系，体现出一定的策划含量和执行力，掌握航空器性能，驾驭国际航线和控制相关方反应烈度，这不是一般小毛贼能干的事。第二，有人刻意在南中国海地带培育冲突热点，与克里米亚、中东地区形成呼应，在地缘经济政治的戏剧性变动之中坐收渔利。第三，东南亚航空市场和旅游市场可能面临重大变化，高铁和公路基础设施市场有望扩大，但受消费规模的制约，人民币在这一地区的流动规模和频次面临收缩之势。第四，自从“9·11”事件将暴力恐怖分子提升到影响地区安全重要一极的高度之后，高科技犯罪、高智商犯罪，甚至是有雄厚财团、组织乃至军事政治集团支持的高水平犯罪将成为影响地缘政治的重要因素，时代会变得更加波诡云谲、扑朔迷离，单纯的中国人、淳朴厚道的华人、落后而善良的亚洲人，要团结起来，不要内斗，要学习好莱坞编剧的技巧和蓝德公司的策划含量，把广袤美丽的大亚洲真正做大做强做独立。

（2014年12月28日）

老　实

学习了几本书，剑桥大学出版社出版的《新千年的拉美裔》指出拉美裔在美国分布日趋广泛，开始融入美国主流价值观，很多都支持民主党。看来美国的后院有望平静，“能源自给+全球航道+世界人才+安静可控的后院”。反观我们，“能源压力+三重岛链+人才外流+新月型包围圈”，看来短时间内难以突出重围。美国至少还将领航10年20年乃至更长时间，咱们还得老老实实地向西方强国学习一段时间，既要向欧美看，也要向日韩看；既要“互联网+”，也要“+互联网”，既要“走出去”，也要“引进来”。近来很多人炒作中国崛起，这是把中国灌醉，使之不能清醒地认识自己，失去战略判断力。凡是鼓吹中国亮剑和不给小学生留家庭作业的人，其动机或许都不单纯。

（2013年10月28日）

拉斯维加斯（一）

1929年，美国爆发历史上最大规模的经济危机，那一年海明威出版了那部著名的作品《永别了武器》。但没过多久，第二次世界大战就如影随形。可见诸强环伺之际，独善其身只是一厢情愿，以战止战才是王道。拉斯维加斯音乐会扫射事件告诉我们非对称威慑可以成立，布衣之怒可致血流千里，即使拥有世界上最强的军事机器，女神举着冰激凌并不能搞定拉登。

在美方还没有公开调查结果前，尝试先做个猜测，事件发生的原因很可能与三个因素有深刻关联：一、事件发生的场地。二、音乐会主要当事方，包括主办方，作品出品方，演出方，团体观众。三、十月一日甚至是精确到分钟的这个时间或数字，必定意味着某种特殊的意义。四、当事人特殊的童年记忆或职业经历。

从新闻资讯可得出关于当事人的以下推论：一、从轨迹反制和改装枪械的能力可知，当事人必定曾接受专业级军事训练，很可能曾有不为人知的军情身份。二、从美方调查迟滞可知，事件远比公开的已知信息复杂几个数量级。三、当事人很熟悉事件发生的场地。四、当事人没有同伙也未加入某种恐怖组织。

做出这些推测是基于几个主要事实：一、当事人做了充分的准备，精心选择场地、周密布置行动，时间拿捏准确，说明他有充分的动机。为什么选择这一时间，在这一场地这一活动中发起事件，是解开谜底的钥匙。二、当事人已经六十多岁，对新事物（亚裔女子）仍有好奇心，能持数十公斤枪械做俯视扫射，能提前布置器材顺利携入枪支弹药，可能还做过沙盘预演，体能充沛，心理素质过人，但也正因此，他雄心勃勃，自信且固执，喜欢独立行动。三、这种人如果来自某种邪恶组织，有能力选择更为重要的目标制造更大的事件，根本不用在一个旅游景点的音乐会上大动干戈。我最想知道的是，此人本有能力在现场制造更大灾难，比如带个机枪或全自动枪械甚至炸药都可以，为什么非要费事改造个步枪还要偏偏在制高点射击，这当中的心理动机是什么？

不论是否属组织行为，都意味着这只是一个餐前甜点，此案例揭开了美国魔盒，意即更多人会否一言不合就跃跃欲试？或许更大更多的正菜为时不会太遥远。倒宁愿是组织所为，因组织的存在意义即个人不能为所欲为。如果只是个人个性化行为，其实更加可怕，那说明广袤的美国，已经没有安全之地，任何比这位先生有军事素养和策划能力的不满人士都可能一触即发。

事件暴露出美国在公共管理、风险防控、危机公关乃至于当代族群文化意识形态方面的落后性和无力感，从一个侧面揭示了美国已经开始衰落。美国已经不能给其公民和全球资本提供绝对的安全感，在其本土启动恐怖主义如入无人之境。试想，一个人携几把枪和几百发子弹出入公共场所也并不是易事，不像打包一打汉堡那么简单，赌城有海量摄像头却对入侵者形同虚设，说明安防程序并未有效植入日常情境和重要环节。事件发生后枪械销量大增，但商机何止于此，安防、监控、人脸识别、钛赫兹产品乃至于提供系统解决方案的供应商、安全专家们不也看到了曙光，由此新增的成本足以改变一国经济社会架构，军火商将从应对军事冲突转而针对潜在的个性化暴力事件提供矛、盾和系统服务，车轮上的国度将不得不思考汽车空间与热兵器犯罪之间的关联，动员和说服多元化族群形成反恐合力也是一个难题，这对于基础设施现状及升级能力并不在行、个人主义盛行的美国来讲才是真正击中了软肋。由此，长期奉行大棒政策的西方世界对于核武器扩散也许将持更为谨慎的态度。美国等几个高危地区可能将产生新一轮的分裂和移民潮。

（2017年10月4日）

拉斯维加斯（二）

人人心中有香格里拉也有铀235，对武器的态度实际上取决于我们自身的安全感指数，是否使用武器则取决于我们对周遭世界的判断力和包容度。动武是人类先天本能，发明、使用乃至痴迷于武器是人和动物的根本区别，但是否选择拥有武器、是否善用威慑，是否明晰动武的分寸、烈度与后果，深刻映射出一代人的地缘区位和心路历程。武器值得我们骄傲，但对武器的驾驭感则体现出人性的光辉。暴力的种子不在别处，而在人的内心。西方世界的崛起曾以宗教的现代化为根基串起包括军事工业在内的整个工业革命链条，奠定了以技术主义、重商主义为核心的世界政治经济秩序，他们攻击性强，习惯于动武，搭建软实力框架，预设对手，制造矛盾，获取地缘权益和资本孵化延伸的温床。而从儒释道哲学到非暴力不合作运动可以看出，某种程度上，东方习惯了人对自然的皈依感，倾向淡化对于潜在冲突的现实指认，喜欢简化争执，抽象矛盾，进而形成以道止战的核心价值和礼仪秩序。二者不在一个逻辑体系，没有优劣高下之分，但历史反复证明，国虽大，好战必亡。兵再多，忘战必危。控军机，有仁义，执善端，不轻言战事，才有真和平。

世界大战仿佛已经走远，善良的人们曾经以为武器的使命已经被享乐主义的时代洪流冲走。科技越是发达，便利化越是蔓延，大家越如同一头迷路的小鹿，在新事物层出不穷的天地里呆萌地徘徊与冲撞，无辜者和肇事者其实都是不幸的人，都是我们真实处境的一体两面，深刻揭示出现代人的幸福与惶惑，满足和不安。海明威在《永别了武器》里有一段话，大意是，生活总是让我们遍体鳞伤，但到后来，那些受伤的地方一定会变成我们最强壮的地方。以这句话献给大洋彼岸的美国公民，请相信世界终将天晴，如果美国政府又是讳莫如深或者是马上剑指某一热点地区的话，那么也请记住这部小说里的另一句话：并不是每件事都有解释。

（2017年10月5日）

草　　蜢

我少年的偶像，今天又登场。那时同学很多追小虎队的，追Beyond的，追红孩儿的，当然后来还有很多欣赏羽泉的，乃至喜欢凤凰传奇的。但我就是一直顽固地欣赏草蜢，欣赏他们的纯粹和孤独，忧伤和优雅，狂放和不羁，经典的蓝调，至今不老，仍然轻松打败今天的娱乐圈。难忘少年时一起合唱的《一起手牵手》，街灯下回响的《爱不怕让你知道》，失意时闪烁的《世界会变得很美》，大家都知道的《失恋阵线联盟》。经典的意义在丁每 时刻都绽放新的演绎新的传说。有一种热血叫草蜢，偶尔摇曳，从不迁徙。江苏卫视邀请草蜢登台献唱，实在是太有才太有品位了。

（2017年6月2日）

广 州 印 象

雨中的羊城广州，野水接云，淡烟疏柳，一片空濛娴静。东篱旖旎秋山，岭南清江雨意，非洲人怎么能够体会呢？然而他们仍然纷至沓来，交通住宿餐饮，将给广州创造多少GDP，且他们回国后不免又吹嘘一番，算是给中国旅游、中国软实力做了生动的广告，以致一群又一群游客传承不息。一次来华，一人回乡，三人茶话，中国之美，将沉浸在多少非洲少年的梦里。

这是一笔大账，那些质疑奥运会质疑G20用度开支的人们，怎么会理解，通过一场完美的会展仪式体验，域外人们尤其是掌握主流话语权的政商精英和消费频度较高的体育迷们，其对中国美好的憧憬、朴素的惊奇和天然的向往，乃至对于华人的尊重与接纳，对中国产品的青睐，对中国寄予的信任，这不是用钱能买到的。如果不是借世界级的盛事，借艺术家的创意，借主办城市全体市民的奉献，哪有机会占据世界各国的电视频道？

还有那位反对建设电子对撞机的老兄，有一天，当微观粒子级能源在肉眼看不见的层次驱动世界的时候，他就只能抱着老式半导体二极管收音机后悔了。这些年，当美国越发离开中东也就是离开石油天然气等传统能源，当欧洲越来越专注于探索微观世界的奥秘，我真担心某天就在一夜之间，能源革命摧枯拉朽地到来，西方又全面赢得技术路线和先发优势。大国，不只是要有大楼、大师，还要有大气，大国民就要学会算大账。

（2016年9月7日）

创　　业

大众创业、万众创新已经成为今天时代的潮流，然而令人忧心的是大学生们创业的初次成功率可能不会太高，他们也许会经受数次反复才能真正在市场汪洋里搏击弄潮。对于创业，能立竿见影的群体显然存在于“体制内”，公务员群体和事业单位的人们可能拥有更成熟的宏观经济视野、理性的思维和较好的执行力，如果国家制定出台政策试点，允许部分公职人员在法律法规框架内在8小时以外兼职创业，哪怕其收益99%收归国有，也会激起一个群体的雄心，带动更为澎湃的创业兴业浪潮。

今天在北京邮电大学散步，无意中混进了一个大学生创业创新的成果展览，琳琅满目的创业项目，有的很有科技含量，富含创意，令我改变了对大学生们创业能力的看法。本科三年级的学生们在探索“蜂鸟悬停技术”“轨道送餐机器人”，感兴趣的是一个可自动载货上楼梯的轮子，遇到楼梯可以轻松跨越。

跟学生们聊天学习了一上午，步数没有增加，但收获了灵感的火花。有这样的90后和00后一代，何愁国家不强！让我们多解决些具体的问题，多拿出些解决方案，少谈些主义！在可预期的未来，通过开发蜂鸟悬停模型，可以实现太空探测和旅行。有了智能轮子，就不用捧着一堆文件上楼梯了，我看大家都是围绕“楼梯”障碍在下功夫，就提醒学生凡有楼梯，必有扶手，能不能从扶手上做文章，利用杠杆和滑轮组实现无障碍物流，也许是一个新思路。让那些唱衰经济的人们都到高校里来受受教育，一切困难，都会被创造之车轮无障碍地跨越。

受到大学生们的熏陶，我也提一个创业方案，名字叫“海洋空间立体开发系统”。第一层次，在远海海平面布点进行海上风力发电和海上核电站建设，利用我工程技术优势投放50万吨级海上移动堡垒，可承担科研、公共导航、紧急救助和军事防务功能。第二层次，在海平面下50米深度规划管廊交通线路，铺设海中管廊，开启“洲际海中高铁”，彻底打败民用航空业，占据海洋工程技术标准和线路规划的制高点。第三层次，利用我工程技术优势强大、海洋国土广大和旅游市场庞大的特点，在南海建设巨型移动城市，带动我公民海陆双栖，从根本上区别于迪斯尼环球影城和名胜古迹概念，创造世界级的旅游卖点，整体提振旅游业国际化。第四层次，公布新版中国地图，将海洋面积与陆地面积同比例尺发布，使蓝色国土意识深入人心，鼓励创新创业者的脚步在广袤的疆土尽情驰骋。

（2016年5月23日）

引 力 波

God said，let there be light，and there was light.上帝说，要有光，就有了光。盘古大斧一挥，鸿蒙初判，风驰惊鸿、电掣神龙，至今天地为之色变。昨夜方知，亦不是光，亦不是电，无可名状，强名之为波（引力波）。这就像二百年前，史蒂芬逊发明了火车机车，火车轰隆隆地启动了工业革命的序幕，火车业至少带来了煤炭业、钢铁业、钟表业的发展。而后富尔顿发明了汽船，人们对汽船业津津乐道，船舶业、邮电业等等随之兴盛。直到福特制造了汽车，人们才恍然大悟，一个蒸蒸日上前程远大的行业原来早就出现了，它就是：交通运输业。同样的，今天的电影也不是电影，电视也不是电视，电脑也不是电脑，互联网也不是互联网，物联网也不是物联网，它们都是一个伟大概念、一个伟大时代到来的先声。

同样的，自昨日起，诸般事相，都会因这个“波”字而刷新内涵，丰富外延。

中国人很多给孩子起名曰“波”，我好友有王波李波王小波袁大波，他们平时皆生出自己的名字虽上口却又平平之感，今日才知一个“波”字竟这般深意。言归正传。由“引力波”的事实可证得：一、时空的界面不是平顺而是多变的，时空存在角度和层次，时空是多线程且各个端点都是开放的。二、既然此时空可接收另一时空的讯息，由此又可证得：时空之间可以互相往来。三、既然时空无始无终，互相贯通，你中可有我，我中亦有你，又可证得时空中的生灵无生无死，无拘无束，不垢不净，不离不聚，那么世事又孰非孰是，人生又何去何来？在师大当老师时，曾有学生问，为什么电影里的坏人必须受惩罚？答曰，一、按宗教所说，恶有恶报。二、按古人（长者）经验，恶有恶报。三、按科学定律，你相信科学吗？倘若相信，你相信有一天人会因科技进步而时空旅行吗？当你穿越过去亲眼看看自己曾经做过不少的坏事，纵然你心安理得，也终将被周遭诸人所唾弃。因此，人确实应当存好心、做好事、说好话。也正因此，奥斯特洛夫斯基才有那段著名的话，应把人生献给壮丽伟大的事业。巴顿将军才会说，年轻时候，不要在阿拉斯加淘大粪。

波且放下，再说波之缘在于引力，既然万物皆有引力，那有没有物象竟超脱于引力之外呢，我说有，就是人的“心念”，今人不见古时月，今月曾经照古人，既有波绕梁不绝，必有念恒常不灭。波能给人带来什么？我说一能带来“真相”，二能带来“向善之心”。什么是真相？就是透过“波”，我们理论上能搭载摄像头看看南京是否曾发生大屠杀，犹大是否出卖了上帝，金字塔究竟何人所建。既然有证真之庄严，就有人心之敬畏，乃至同心向善，止于至善，成于大同。今年春节，台湾地动，美股暴跌，春晚差评如雀，电影院门庭若市，不免令人惶惑，然则诸事实为一事，即世易时移，一城一池是小，人心之变为大，环球急应加强意识形态和人文文化建设、力促涉及心灵层面的供给侧改革。今天俺已经上班了，在办公室天马行空写下上面的话，纪念这个猴年。

（2016年2月12日）

珠 海 宣 言

到美丽的珠海开会一整天，没到街上溜达就在夜色里匆匆赶往广州，在车里朦朦胧看到海边雕塑的影子，我忽然想，随着科技的飞速发展，有天通过技术改造基因优化，人类也许会成为“两栖人”，能够如鱼一样自由自在地在海里江里湖里自由生活穿梭，不用借助任何装备。试想地球表面多达七成都是海洋，只有三成是陆地且其中还有相当一部分是沙漠盐碱冰原，如果人能无缝融入水世界，这将从根本上带动投资、消费、文化和文明演进，推动人类文明产生大飞跃。之后，人类再进入深蓝时代，可以像飞鸟那样自由自在地在天空深处生活。别说这是天方夜谭，一百年前，我们还坐着四轮马车看着大山发呆，一千年前，我们不得不习惯于人到七十古来稀，而今天我们已经坐上飞机用着手机，“坐地日行八万里，巡天遥看一千河”。三百年后，当我们的后代在海底水晶宫推开窗户，任海水在身边脉脉涌动，鱼儿在身边轻轻游过，当他们感慨于文明的伟大和壮阔时，就会怀念是本书第一个提出“两栖文明”，曾畅想过人类文明的新境界。

（2016年1月14日）

新 年 快 乐

时间飞快的时候人们的遗忘也飞快，连美国人都没有工夫回味和纪念，今年是美国南北战争结束150周年。这是工业革命之后第一次大规模战争，正是这场大战在蛮荒之地启迪了大国精神，至今撼动全球。

葛底斯堡决战之后，格兰特将军静静说出的那段话令人难忘：我们这一代在马背上征战，是为了我们的儿子能够从事法律和经济，是为了我们的孙子能够着迷宗教和艺术。

今年即将过去，越明年，愿更多的人能在经济政治诸般事务和思索之中，小憩片刻，陶醉在宗教和文艺的多重时空，收获永恒的美丽与宁静。把名利放诸名山，将精神传之后世。新年快乐！

（2015年12月31日）

老　　歌

There are million bicycles in Beijing, that is fact, it is a thing we cannot deny, like the fact that will love you till I die.

淹没在北京之夜凝固的车流里，忽然听到电台播这句老歌，那是遥远的华南理工大学出品的有声磁带杂志里的记忆。转眼得有20年过去了，北京从百万自行车发展到今天的百万辆汽车，这中间老百姓吃过的盐走过的路，国家发展浓缩的甘苦、凝聚的力量，一个外国人怎么能够理解呢？每年春节，有数以亿计的不分年龄职业阶层的人流挤在火车厢只为回家看看爹娘，对于这天文数字的迁徙，外国人怎么能够理解呢？百多年前画下的南海断续线，海峡两岸的中国人曾经彼此打得头破血流却异口同声地不舍不弃，故土故国故人情深，对于祖宗家法、乡土河山的眷恋、对历史对文化前赴后继的坚持和指认以及由此衍生的岿然不动的地缘影响力，外国人怎么能够理解，怎么能够改变呢？时光荏苒，几个舰队八国大兵已经随风湮灭，而今会否卷土重来？中国人历来都是不舍家园，南海水是否将不战不清？今夏以来，美国一些智库一直都在鼓动白宫前出南中国海，他们似乎忘了，美国政客们历来胆小，当年被毛主席用大炮就吓跑了，他们的特长其实在于引而不发，积聚战略优势进而在妥协中谋取利益，总结为三个词就是：妥协，让步，做交易。敢于冒险、兵不厌诈、火中取栗，那是日本人的特点，但日本人前段时间染指钓鱼岛，至今陷入被动，可谓进一退三。兔疲狐哀，在这种形势下美国竟然又敢进一，试看将来退数几何？

（2015年11月5日）

大 火 以 后

天津港特大火灾令人伤痛。看到很多朋友都在微信里祈福，我也写点私人感想，不当之处请谅解。

感恩消防队员和各路救灾人马。原因不用说了。值得一提的是，到场的和没到场的政府部门人员也是一样辛苦，心都在悬着都在上火，人同此情，都值得感恩。这些年军队包括武警消防人员的事迹一直振奋着国家形象和国人之心，还有很多政府部门也都在默默地付出，坚强地维系着一个大国的运行。这是共和国精神之所在，很多媒体人员可能认为做人固然理当如此，就把目光更多投向了别处。买椟还珠就是指的这些人，他们没有新闻理想、良知和中立精神，只会把事情搞得越来越乱。

从历史上看，一场灾难，有可能引发公众普遍的多个层面的思索，从而在价值观念、生活方式、行为准则等方面产生微妙而强大的优化作用。静下来想想，我们这些年到底怎么了？首先，我们每个人都有责任，都曾经或多或少地放弃了社会监督意识，放弃了对制度建设的参与意识，放弃了对周遭环境包括舆论环境的关注和监测意识。须知政府不是万能的，不能敏锐发现一切漏洞和隐患。其次，确实如同网上说的那样，安检安监部门有责任，原因也不必说了。环评也难辞其咎，看到有人为环保部门鸣不平，这是笨人出手，反而削弱了环保部门的形象。此外不得不补充的是，消防部门作为一个职能机构而言，也有些许失察之责。既然大家都有责任，都从自己的角度找原因进行整改，才是最明智合理的行动。再次，从近几次事件的善后处置能够看出，当前社会运行和公共治理进程还不够透明，整体应急反应机制及其执行力还有待提升，危机公关传播体系形同虚设。这与泱泱大国十多亿有智商的人民来说实在是有点不相称，建议有必要成立一个国家应急部乃至泛亚应急中心，以科学漂亮地处置数年来唯速度主义带来的遗留问题。有时我们只注意到是否快，但忽略了全面看看是否各方面细节足够好。过去曾经有“多快好省”的提法，现在应当改成“好多快省”。

可能被忽略的是建设建筑规划部门也有重要责任。民宅距离危险品仓库仅一公里，这个铁的事实令很多部门无言以对。建筑规划密集、杂乱无章以及地上地下管线无序运行可能是很多地方地段的通病。我个人知道在西直门海云轩小区东侧就有环保部核辐射中心，听着名字就够吓人，在它周围五百米之内有十多个小区和地铁轨道。长期以来，大家习惯了向热点地区聚集，习惯了住在建筑规划部门指定的105、90、60或者75、55、45平方米的标准空间，忙碌地工作、紧张地生活，忘记了问问，难道居住空间平均水平不能变大一些吗，不能最低是105平方米吗？不能把道路交通和配套基础设施建得更多更便民延伸得更远吗？我曾经到过山东东营市，那里人均居住面积比较大，居民是那样的笃实、气定神闲。不要再提我们人均土地不够用，每个人都坐过火车，看过辽阔的国土和空地。

我坚定地相信，燕赵之地历来有奋进传统和家国情怀，京津连奥运都办得那么完美，还有什么不能搞，数年之后，一个放眼未来300年的现代宜居的大京津冀都市圈将整体崛起，成为世界未来经济政治文化舞台的重要一极。

（2015年8月14日）

雨

雨天在家爱睡觉，雨天在办公室爱思考。思考点什么呢？干脆就关于雨吧。雨，是一个泛着诗意的名字。每个人的生命里都可能有一场丝丝细雨，抑或有一场大雨滂沱。

1941年苏德战争爆发之前，苏军曾经制定过先发制人占领德国进而称霸欧洲的计划，计划的名字叫“大雷雨”，那时苏军数量不少于德国，斯大林的野心丝毫不下希特勒。尽管斯大林曾经批准了“大雷雨计划”，苏军也重兵在苏德边境集结，但希特勒并没有按常理出牌，在英德战事胶着时竟然在西线抢先动手进攻苏联，结果是他也比斯大林抢先背上了历史的恶名。雨，天然就是一幕戏剧，每个人都暗自渴望一场淋漓之雨透彻洗刷自己的灵魂，然而当雨滴到来时，他们却纷纷拿起了伞。早在二战爆发80年前，苏联作家奥斯特洛夫斯基就写作了《大雷雨》，在中国，曹禺先生也凭《雷雨》登上现代文坛，他们都以“雷雨”这个意象还原出不同人不同时代共有的境遇，每个人面对命运时那份深深的渴求，透彻的拥有，沸腾的激情，落寞的背影和莫可名状的战栗。三峡工程之后，北京城夏天雨水多了不少，这几天大盘爱上跳舞，京津冀规划会改变多少人归去来兮的轨迹，一个雨夜，不免令人思绪万千。突然想起还欠好友托付的一个名字没取，那孩子夏日早晨微雨时所生，就叫“张听霓”吧，新雨红霓，出自刘禹锡的“幽籁听淅沥，霓裳何飘飖”。“听”这个字通灵脱俗，简体是口吐千斤，意即说出的话有分量，繁体是耳畔十四颗心。愿孩子成为有心人。小名就叫“钻戒”吧，倾心之听，雨滴也贵如钻戒。

（2015年7月21日）

沉 船

突发事件能够检测当事方的应急响应水平、专业处置能力和公共传播智慧。从长江沉船事件看，总理团队挑战复杂气象条件凌晨即到达，可能在反应速度上创出全球政治家突发事件中到达危险地带的最短纪录。但相应的电视传播对于危机公关所能产生的作用极其有限，错过了向公众传播安全意识、科学精神、技术知识和国家尊严的良机。四十五小时过去，使用小纸片和矿泉水瓶解释技术问题从一个侧面说明了前方记者和电视传播的应急水平。一天多以来，电视台多播出信息量较低的静态图片，没能用视听方式如实传播现场水急浪大、人山人海的场面；没有完整的事件逻辑梳理和视觉演示；甚至没有权威的技术阐释和策略支持。四十多个小时过去，电视台不能陪着观众一起着急，而应通过多角度报道和组织访谈资源，迅捷梳理事件逻辑，全面呈现事件机理，多角度探寻解决方案和技术路线。如果连这些起码的都做不到，哪怕是多拍摄几个现场严肃而热烈的营救场面也好，不要总是拍一条大黑背上几个孤独的人影。

（2015年6月3日）

任 性

锄禾日当午，汗滴禾下土。无意中看到液压吊车为一家店面吊挂牌匾，工人正在楼外立面焊接，电弧光芒熠熠闪耀，无声地印证着一个悄然律动的城市。然而不禁想到现在创业成本之高，固然有各种因素，但最重要的是来自经营者自身的效费比测算和决策权衡。其实这个牌子完全可以在一楼悬挂，或者竖着挂，如果设计方案得当，完全能够做到既醒目又操作简易，而且材质也不一定使用金属。挂在目前的位置优点是高，但缺点是过高，从远处看有可能被树挡住，开车的人看不到，行人也得仰视才见，即使近处看的话白绿搭配的色系也很容易被周边环境淹没。硕大的“养生足道”左上方一个小小的“颐润堂”，揭示了品牌思维和人文质感在面对功利主义实用主义时的真实处境，在方形构图中的右上方是黄金位置最有利于视觉传播，但设计者却把这里放上了颐润堂的汉语拼音，也不知是该表扬他尊重汉语拼音字母还是创新传播技巧，故意反视觉之道而行之。如果为了在夜里醒目，不用挂这么高，因天黑时旁边的喷绘和花店超市都下班了，根本没有灯箱与之竞争，且将来牌匾如果维修更换需继续支出吊车和焊接费用。

一番点评的同时也感受到创业之苦，经营者这份执着用心良苦，为了牌子高于其他商户，做足面子工程不计成本，如果能把这份心思用于具体业务、具体经营和用于积极听取别人建议就好了。现在大家都说有权不可任性，以为都是说给政府听，但对于每个老百姓每个创业者又何尝不是一样。拥有创业的权利不等于逾越具体的经济规律和经营科学，拥有监督政府的权利也不等于忽略来自政府这个最大智囊团的经营指导和统一规划管理。然而这就是创业之难，靠一颗雄心在市场经济大潮里奋力遨游，直面和解决各种困难，优化每一个细节，其中的心力、智力、财力、人力支付都谈何容易。然而这就是创业之美，只要用心，就能被人所看所感，只要有希望，就充满绽放的机缘。一个小店面，一个大吊车，一个焊接工，一个炎热夏天星期日的上午，一个行人默默记下了这一幕。如果这一个小小的浪花能汇入广大的创业浪潮，一生二二又生三乃至于生生不息，就成为一个繁荣时代和强大国家到来的先声。

（2015年1月23日）

单 双 号

单双号这几天是绝佳时机，对于测试雾霾形成的机理和规律、分布轨迹和特征、动植物及周遭环境的承受力等都是难得的样本期，对雾霾治理有重大价值。事实上危中有机，如果把治理看作一个启迪社会反思和收获公共财富的过程，事情就会越来越积极，因为随之形成的包括案例库动态数据库系列治理产品装备和技术方法等在内的解决方案体系对后发型国家普遍具有市场价值，从现代公共问题治理角度具备全球意义。如果没抓住这次宝贵机会，没关系，方法还有很多呢。比如可以想象的是，从单双号出行过渡到按车的颜色出行（红橙绿蓝白及其他每周轮换）或按制造商所属国出行（美日德中韩及其他每周轮换），再控制不住，就按车前号字母出行（京AB周一开，京CD周二开），再不行的话就按驾驶员性别出行，一三五男司机，二四六女司机。实在不行就周一小汽车，周二大卡车，周三电动自行车，周四摩托车，周五自行车。再实在不行的话推广骑马或骑驴或乘轿子黄包车出行，有助于大农业畜牧业发展和实现全民奥运。

（2014年11月8日）

噪　　声

深夜的科学猜想。

偶然拍到了朴槿惠的专机，白色漆面柔和洁净，令人想到超级干净的朝鲜族住宅内景。小时候去过朝鲜族同学家里，可称得上一尘不染，玻璃如同没有一样。但我想说的是：一、这几次坐飞机感受到了噪音很大，华为为此专门生产了降噪耳机，我刚才看到他们美女工程师发的介绍微信，据说这个耳机原理是收集周遭噪声再传回耳机以平衡听觉。那么有没有什么科学研究能把噪声转化成能量被利用呢？二、现在北京进入雾霾季节，都知道大风能吹散雾霾，以及降雨能湿润空气，那么能否在城市路灯加装立体送风和洒水系统，原理很简单，只不过是吹风和降水，制造和装备技术应当不难，必要时还可以专门送暖风或者冷风，如果能够回收城市噪声提供能源就更好啦。请科学家和理工科同志们研究研究吧。

（2014年10月22日）

高　铁

前段终于找机会乘坐了传说中的高铁，电子显示屏上显示时速一度超过了300公里，平稳，静音，车厢整洁，服务得体。

高铁站宽敞通透，选址附近很多建筑拔地而起，正在形成区域商务中心。流线型车体缓缓驶到站台时，跟小时候看动画片里的银河特快列车很像，那一刻分明体验到了这个国家的发展和进步。还记得中学课本上曾有修筑京张铁路的一课，詹天佑曾说的一句话，大意是“中国地大物博，而于一路之工，必须借助外人，引以为耻”。

（2014年8月15日）

大 剧 院

每次路过鸟巢，远远地看着曾经熟悉的场地，都为曾有幸服务2008年奥运会而自豪。这座建筑面积25.8万平方米的体育场，早在图纸阶段就成为全世界目光的焦点。这并非由于它酷似鸟巢的建筑外观，也不止是因为它是世界上最大的钢体建筑。最为震撼人心的在于它为全球创造了一个飞鸟的角度，敦促所有的人们超越自我，升腾梦想，激扬希望。

42000吨钢材，足可以建造一艘航空母舰，北京却用来铸造国际舞台，在2008年金秋时节伸出橄榄枝，放飞和平鸽，串联起全世界的美好祈愿。运用流体力学原理设计的场地，精确模拟出超过九万人同时观看比赛的自然通风状况，保证所有观众都能同时分享自然光和自然风，听到同样清晰的场内广播。看台则如同一个巨大的怀抱，将不同空间收拢在同一个地平线，使所有观众都能将赛场中心尽收眼底。

海阔凭鱼跃，天高任鸟飞，与鸟巢遥相呼应的是著名的国家游泳中心

“水立方”，它如同一块蔚蓝色水晶，启迪人类亘古以来梦想与海天融为一体的赤子情怀。由1437个水分子造型组成的巨大的水魔方，是科研人员经过上万次复杂计算和实验才得以实现的，建筑内外层包裹的特殊材料四氟乙烯，具有良好的热学性能和透光性，可以调节室内环境，冬季保温、夏季散热。这座晶莹剔透的宫殿和朴素大气的鸟巢一起，一方一圆，一刚一柔，以巧夺天工的设计、纷繁自由的结构、简洁纯净的造型、复杂的科技含量，成为奥林匹克史上的经典，同时也印证着北京兼收并蓄、开放创新的城市风骨。

有人把鸟巢和水立方看作自由与秩序完美结合的典范，然而它们都有着非同寻常的施工难度。与鸟巢复杂的力学结构和焊接难度相比，“水立方”完全由不规则的多边形构成，如果进行平面焊接，再吊装整体组合，误差会像滚雪球般越积越大，工程质量无法保证。在GPS定位、激光定位等高科技手段也不禁望洋兴叹的情况下，出人意料的是，破解这一技术难题的竟然是几名普通的工人师傅，他们在闲聊中突然发现材料之间的连接方式连起来很像一根火柴，由此创造了焊接施工的新模式，将这座世界最大的游泳中心准时带到全球公众眼前。这是多好的电视连续剧选题啊！遗憾的是创作者们都把目光转向魔幻和宫廷，鲜有人把摄像机聚焦当代普通劳动者们的创造之路。

飞檐知天风，垂柳知天寒。走在长安街上，靠近大国的心脏，更容易被天安门广场沉静的浩气所震撼，这里不仅有泱泱大国的方正和庄严，也有中西合璧的生趣盎然。当人们习惯了对天安门和纪念碑肃然起敬，忽然有一座巨大的银色的国家大剧院蹁跹降临，与即将迈入五十岁的人民大会堂比肩静立，相映成趣。每当暮色西沉、华灯初上，大剧院倒映着粼粼波光，天人合一的意境徐徐流动，闪耀着中西优秀文化艺术的华彩与神韵，倾听着来自五湖四海的心灵交响。

博大精深而又历久弥新的城市，以开放的姿态拥抱未来，在这里，传统和现代针锋相对而又济济一堂。中国文化的力量，文化荟萃的力量，如同灯光那样，没有重量，不可触及而又存在分明，它穿越时代，生生不息。

近年国人有个怪现象，就是不容易接纳新事物。央视大楼实质上是一个有震撼力的造型，被污蔑为“大裤衩”；大剧院不失为一个有灵性的设计方案，被戏称为“鸟蛋”“坟包”；抚顺大圆环符号流露出的人文穿透力可说是神来之笔，颇具审美水准，被称作圆环也许还是幸运的；人民日报的金笔生笋固然比例不大和谐，但也不至于被调侃成原始图腾的性暗示。被种种堕落低级的论调包围着，怎么能诞生世界级的景观？更可怕的是面对庸俗主义的挑衅，无人站出来正面驳斥，看客心理仍然在鲁迅先生身后延续。围绕建筑创新的看与被看之间，也构成了一幕幕意味深长的现实主义戏剧，随国家大剧院的伫立而曲折上演。

事过境迁。观念激烈对撞的背后，北京已经打开时代之门，迈向一个前瞻未来、放眼天下的新的里程。这不是开始，而是延续，因为北京一直在行动。西汉的张謇和东汉的班超开辟了南到印度、北到额尔齐斯河的丝绸之路。七百多年后，唐朝高僧玄奘沿着这条路踏上赴印度寻求佛教经典的行程，他的身后留下了著名的西游记故事。又过了数百年，沿着丝绸之路先后走来了意大利人马可波罗、利马窦和英国人李约瑟。漫长的旅程中，他们点亮雪中的灯盏，照亮通往春天的路。那时候有明月为证，跨越季节的行走染白了他们的头发。虽然使者纷至沓来、络绎不绝，但是人类文明之间的沟通宛如转瞬即逝的流星，大规模的直接交流始终没有出现。1405年到1433年，中国使者郑和在北京接到命令，率领200多艘巨船组成的混合舰队七次远航，开启了世界上最早的大规模文化交流。北京派出的和平舰队最远到达非洲东海岸和红海沿岸，直航索马里、肯尼亚、莫桑比克、南非，并首先发现了美洲，遗憾的是那时密西西比河畔还没有真正意义上的国家，而远在欧洲的英国和法国正在交战。

在北京与世界之间的约定里，伟大的哥伦布迟到了87年，葡萄牙人达伽马迟到了92年，麦哲伦则晚了100多年。1521年，麦哲伦在海上航行时，南部天空肉眼可见的两个星系映入他的眼帘，这片星云后来被称作麦哲伦云。如果站在麦哲伦云上俯瞰地球，就会发现在人类文明可能形成第一次大规模直接对话的时候，郑和、哥伦布、达伽马、麦哲伦从东西方的两个原点出发，却始终没有交汇。这是人类历史上最大的遗憾。

2008，奥林匹克终于定格北京。北京的目的不是权力和财富，而是人与世界的至善至美。很荣幸世界选择了中国，很幸运时代选择了北京。登临过汉代的砖瓦，凝望过浩瀚的银河，城市的雄心没有边界。数千年弘毅笃行，我们相信，北京这个名字，值得赤子远涉重洋。

每时每刻，都有数不清的人们穿梭于北京，创造着机遇也分享了回忆，时代会记住这个质朴的城市和热情的人们。北京，总在酝酿着新的手笔、新的出发。

（2008年7月14日）

皇 城 根

共和国流水般的光阴里，每当遥远岁月的痕迹与现代建设进程相遇，古老的城市里总会留下令人感动的回忆。当年的北洋政府为了修下水道，曾经把这段皇家城墙的北段和东段拆除，于是，沉甸甸的青砖登上下水道岗位之后，他们身后留下的遗址只好就被叫作皇城根。

过了80年之后，北京市政府迁走了皇城墙遗址上居住的近千户人家，栽种草坪4万平方米、灌木4.4万余株，移植了2000多棵胸径10厘米以上大树和一批珍贵树种，建成了总长2.4公里的皇城根遗址公园。这次工程的总造价是8亿元，已经相当于当年北洋政府一年的税收。

在春天油菜花的香气里，历史的菁华曾流传得那般艰辛，有时又如此自然。皇城根遗址公园开放之后，北京市政府又紧接着以元大都城墙遗址、明城墙遗址为基础专门建设了一批主题公园，处处贯穿着修旧如旧的文化保护理念和微循环的城市改造思想。仅明城墙遗址公园一处就铺种草坪7万多平方米，栽植花卉11万株。油松和国槐给这里注入了几许苍劲，银杏叶和山桃花连接着晚来西山的云霞，还有紫薇、玉兰等植物环抱着古老的城墙，清静古朴之风在高楼大厦之间掩映，树影婆娑之中，北京城高大的身影飘然行在时光深处，转眼就是千年……

生于斯长于斯的北京热土，日新月异的城市，曾经这样振奋和感动，质朴的道路固然无法将建设的点滴和创造之玄机完全记录，但茂盛的树木会提醒人们透过时光去重新面对每一个人的生命，无论是故乡的旅伴，还是本地的挚友，这里都将给予他们足够的历史溯源和人文空间，让每个人都能看到其中散发的纯真与踏实，触碰到高远旷达的生命气象，体会到城市建设与发展背后的甘苦。

（2014年4月1日）

三座大山

过去我们常说压在头上的三座大山，现在大山都已经倒下，但是封建主义、资本主义、帝国主义思维仍然在全球范围内不时闪现。对于我国而言，仿佛又有了新的“三座大山”难以逾越。一是中国足球，二是诚信精神，三是全球品牌。

关于足球，本届世界杯出现了一个有趣的现象。巴西举国与足球血脉相关，有些巴西人却对主办工作示威抗议，真是太不会办事了。昨天比赛分明传递的潜台词是：请巴西人还得支持举办才是正道，不然即使强大如巴西队，也是会输的且是输给不太强大的智利队。如果再继续示威抗议，中国足球也不是没有机会。

关于推进全球品牌，首先要明确的是：品牌是高质量的代名词，没有高质量就没有品牌，而高质量的本质在于诚信精神的外化和传承。我们提出要恢复丝绸之路的荣光，但值得注意的是古代丝绸之路不是我们自封的，而是因为我们当时拥有高质量且标准统一的全球性商品：丝绸及其织造技术。大英博物馆有一件埃塞俄比亚教堂盛典的礼服，生产者是住在也门的犹太人，而原料是中国丝绸。去年在乌兹别克斯坦国家博物馆看到在当地出土的公元7世纪的古代丝织品织造方法和西安出土的唐帛画残片织造方法是一样的，显示是同一产地生产。数千年后，我们重构丝绸之路，请问拥有完整知识产权的全球性产品或品牌何在？口号易喊，创造实难。也正是这个原因，中国不惜出动总理亲自全球推销高铁核电，规格之高用心良苦，愿高铁核电加总理这三驾马车能力克强手、不负众望，凝结成当代中国面向国际竞争进程中崭新的比较优势。

……

（2014年6月29日）

MH370（一）

马航航班失去联系好几天了，因为我也在一个月前刚搭乘过的缘故，对乘客和家属的心情感同身受。飞起出发的那个时间点恰是子夜时分睡觉时间，记得一上飞机没多久，灯就熄了，大家都在睡觉，如果有突发事件，根本来不及找眼镜或是打开手机通话。

这段看电视报道的感受是央视和东方卫视等都在独立积极跟进，在新闻时效性来看本土传媒已经有了抢新闻的意识，还记得十年前凤凰台的记者早晨5点就能守在新闻现场，而四频道的记者吃了早饭后大摇大摆到达已经快9点了。与国内媒体不同的是NHK经常能看到一些关于家属的画面，虽然有时呈现出温情，但似乎有点事不关己高高挂起的意思，毕竟哪国人哪国心疼。说了很多废话，我是想郑重推荐我最欣赏的一部美剧《Lost》，同样遭遇坠机事件，看看美国电视剧作的技巧，叙事的水准，演员的表现力、对灾难以及人性的深刻反思，其文化哲学以及融入生命的那份通达和追寻，令人久久不能忘怀。灾难面前，人心难免脆弱恐慌，电视剧若能温暖些许也令人安慰，让故事本身说话，胜过万语千言。

突发事件可以测量人性的深度，以及面对灾难时的处置智慧。已经好几年过去了，还记得每到周二晚上专门请假回家看《Lost》。自从看了这部剧，坐飞机的时候心里格外开阔宁静。

（2014年3月12日）

MH370（二）

我仍然认为机上人员仍然活着的可能性较大。飞机不大可能在海里，而正是在陆上某个地方，甚至是就在马来西亚国内。巫师有重大嫌疑，极有可能受人指使。

这是应马背青年兄和小米格的要求，趁等车的间隙对马航事件作点分析，不当之处敬请谅解。

让我们排除干扰，回到确凿证据本身来进行推断（在我们确实亲眼看见的确凿信息之外的其他信息包括马来西亚总理和交通部长发布的信息都没什么用）。

显而易见的几个真实细节引发的猜想是：

一、机师家里有模拟飞行器，通过电视大家都看到了。既然机师已经飞行多年，还需要在家练习吗？肯定是有其他目的，由此可知，其一，机师可能在练习如何到达新地点，尤其是练习着陆。如果像专家所说什么独狼事件的话，他根本无须练习。其二，既然平时练习，肯定是有一整套成熟的计划方案，这个着陆地点很可能就在他职业生涯中所飞过的航线附近，甚至他本人曾经去过的地方，这个地方很难是在海里。对于一个高智商的成熟冷静的理工科老机师来说，既然他有练习，那么坠毁或坠海就不是很容易的事情。其三，模拟飞行器也可以用作训练和交流使用，那么他需要和什么人交流？此外谁也在同时进行训练？其四，如果我是机师，我会在执行计划之前把模拟器砸掉，怎么会留给警察呢？但事实是完整留下了，为什么？说明他是仓促启动这个计划的，为什么仓促启动？说明他可能是受人指使不得不强行启动计划。那么是什么事导致当事人这么着急？要知道掌握一张成熟的牌并不容易，不会轻易打出，为什么打出？或许与近日发生的若干件重大时事有关系，这说明事件不是个人随意的冲动行为，而是有重大企图和很好策划含量的行动，针对的很可能是一个组织乃至国家。这类行动不会轻易失败，即使失败也不会这么无声无息。

二、有两个人冒充通过了安检，在电视上也看到了。这两个人很年轻，表情并不自然。即使是吉隆坡安检松懈，但多达两人能顺利登机的概率也似乎太高了。如果安检人员已经被买通，这两个人属于搭了顺风车碰巧过关，那么可想而知过关的人数还另有相当不少。也有可能是安检本身松懈，那么对于策划周期较长的一次行动，任何东西任何人都有可能带到飞机上。在这种安检大开“绿灯”的“良好”客观条件下，飞机可控的因素大大增强，怎么能轻易失控坠落呢？因此说，飞机有可能一起飞就被迅速控制场面，以至于大家来不及打开手机。

三、现在大家认可的是，马来西亚政府很可疑。他们宣布飞机终结，也有可能是让有些势力断了念想，这恰恰说明机上人员可能都还在。劫机势力的牌还在。

关于“等待”。这两天有多少人在等待马航的消息，多少人在等待亲人归来。造字的人真伟大，一个“等”字，竹下藏寺，要的是一个心安笃静。“待”呢，是说双人傍寺，心在佛田。等待是一种能力，对心态是一个考验，还是佛像幸福，安静自在，万事无扰。

待续。

（2014年3月27日）

MH370（三）

从飞机失去联系事件看危机公关水平的差距。

都知道灾害发生后有黄金逃生时间，如果灾害是人为造成，犯罪事件发生后，也存在锁定嫌疑人、执行追捕的黄金时间，同时罪犯也拥有逃跑的黄金时间。

从事件进程看，这个第一时间分析筛查锁定追捕时间被有关国家生生错过了，没有证据的情况下，只能认为是该国专业人员的处置能力还不能与现代世界突发事件的复杂程度相适应。同时事发地点处于两个国家交界处，对空情指挥系统的跨国对接问题也是一个考验。

现实不是科幻大片，飞机突然失去联系只能有两个原因，一是平安在某地着陆，二是突然解体。突然解体只能有两个原因，一是机械原因，二是人为造成，其中第一个原因也属人为责任。在宝贵的时间里除了搜救，同样紧要的是与涉事各方建立联合处置机制迅速筛查一切动机和因素，但在这方面，有关各方都是那么迟缓，从航空公司到飞机公司一筹莫展没有展现出应有的理性和效率，这与好莱坞电影形成鲜明差距。

目前各方都将概念定位在失去联系和搜救，这种认识水平岂不是给肇事者以充分时间逃离，这个真空期已经能够制造新的混乱。这都几个小时之后了才想起核对护照，这就是差距。还记得美国“9·11”事件之后没过多长时间就有所行动，能够迅速斩钉截铁般挟复仇之势剑指阿富汗，当时形势哪国敢有反对意见？在这里冒昧做个假设，如果中国迅速将事件定性为某种事件并出动武装力量沿九段线南实施戒严状态，建立海上搜救基地并固定化为具体的存在，南海国家这时谁敢反对？由此可见，怎样在危机中看到机会，抓住机会，建立机制和实施执行，从而收获最大的战略利益，考验着每一个国家及其智囊机构。上述为个人观点不当之处请原谅。

（2014年3月9日）

包　　袱

在运动方面，中国人有自己的优势，比如乒乓球羽毛球轻灵富于变化，手随心到，人球合一，球或球拍越是轻，技艺较量就越精妙，体能消耗次之。中国人擅长干这样的事，崇尚四两拨千斤。西方人不大擅长，可能也不太理解。从乒乓球来看，中国队员高手云集阵容整齐，仿佛花开满园，蜜蜂落在谁家、谁胜谁负只是随机性的结果，普通看客只能看个热闹，根本看不出位次。没有一个江湖乒乓榜，帮助老百姓看出个子丑寅卯。但最近看小山智丽的经历，对乒乓球排位终于有了认识，从细节上看，大败小山智丽一役中国队派出的是乔红，这么看乔红至少是高举探花宝座。

但对于需要配合的球类运动，中国人不行，为什么？因为中国人思想包袱太多，每个人都背几个包袱难以释怀，上场何谈配合。

看电视转播可以发现，很多西方运动员在竞技中专注，放松，释然，他们追求的是个体生命的超拔，体能与灵魂的对话，很多时候挑战的是体能和毅力的极限，对对战技巧没有太多的算计。而中国运动员的表情看上去都疲惫，负担太重，胜负心功利心写在脸上。这也是发展中国家运动员的普遍面貌。

得冠军的人往往是心无旁骛放下得失的人。与西方成熟的社会保障体系不同，不发达国家运动员没有安全感，精神压力大，关键时刻很难专注。从这个角度说，体育竞技背后也是国家民族之间内在素质和发展水平的对话，李娜固然是胜者，但同时看看亚军那个姑娘活泼的脸，生气盎然，而李娜和团队中数人喜悦中一丝难言的苦涩，让人心酸。

（2014年1月26日）

国民素养与大国崛起

第二次世界大战进入尾声之际，时任美国总统罗斯福力排众议，坚持中国与美、苏、英并肩主导未来国际事务，后来又加入法国，共同成为联合国安理会五个常任理事国。根据联合国宪章，安理会就非程序问题投票表决时，只要一个大国不同意，决议就不能通过。大国地位不能是自封的，其形象最终产生在他国的认识和判断之中。客观而言，罗斯福关于中国大国地位的思想曾经遭到包括丘吉尔在内的当时许多政治家的嘲讽，面对人们的质疑，罗斯福郑重宣告："并不是没有意识到中国现在的软弱，而是着眼于将来……"作为美国历史上唯一连任四届的总统，罗斯福作为世界级的政治家、战略家，经历过一系列重大经济、军事、政治考验，他对中国地位的判断肯定不是基于是否拥有坚船利炮、主宰世界航道，而是因为即使在积贫积弱、筚路蓝缕的情况下，中华民族仍然拥有足以震撼世界的文化实力、不可替代的地缘控制力和深厚的战略潜力。当他的孩子也迷惑不解时，罗斯福曾在信中耐心地解释："假如没有中国……"

60年过去了，中国成为世界第二大经济体，很多人的腰和腰包都鼓了起来，但这并不意味着我们就能在国际社会八面来风、畅通无阻。能够真正自立于世界民族之林的民族，除了拥有强大的物质创造力，必然具备令人折服的精神建树，不懈追求并践行先进的思想文化、生活方式和伦理道德素养，才能从根本上形成全球竞争力。

（一）大国，胜在大文化

一个民族、一个国家是一个多层次的存在。其最表层是经济，经济背后是政治，政治背后是文化，文化背后是教育。一个国家，可能有大的国土、经济规模、大的政治地位、大的军事机器，但未必有大文化、大国民，未必能令其他国家和民族心悦诚服。成吉思汗的铁蹄曾踏遍欧亚非大陆，建立了横跨欧亚非的蒙古大帝国，如黄沙一样骤然席卷整个世界，又瞬间消失于历史旷野。努尔哈赤的铁蹄曾踏破长城，入主中原统治260多年，也曾创造令全世界艳羡的"康雍乾盛世"，但就文化而言，几乎被汉文化儒家文明所同化。最根本的原因是，它们并不拥有丰厚的文化底蕴，并没有进行使自己能够长久地"安身立命"的文化建设。

世界上有一些小国家虽然国土面积不大，反而在文化上四两拨千斤。新加坡是一个很小的城市国家，可是它一方面努力弘扬优秀的东方文化，一方面积极吸收西方的先进文化，长久地进行融东西文化于一体的文化建设，不但大幅提升了人民幸福感，还赢得全世界的敬意。诞生了安徒生的丹麦，令全球读者向往。诺贝尔奖的诞生地瑞典，为智者颁发桂冠，形成了独特的话语权。历史上我们曾经输出四大发明，深刻影响了世界发展进程，直到百多年前，瓷器、茶叶、丝绸、药材还风靡全球，使我们成为拥有白银最多的国家。而今天，可乐、红酒跨海而来，钻石、婚纱成为不可或缺的婚恋符号，股票、基金、保险进入中产家庭的核心议题，低碳乃至碳税正在全球新生代中深入人心。在诸多具备深刻时代性、原创性，在战后全球经济生活中居于主流地位的新事物当中，中国人的贡献乏善可陈。当摩天大厦已经称雄世界的时候，我们的落后不是体现在别处，正是体现在大楼背后的大爱、大气、大智慧，体现在看不见的软实力，体现在国民素养的现代取向、世界眼光、创新品质、道德自律。

（二）国之道在于民相亲

作为国家软实力的重要方面，国民素养能够直接或间接转换为商品的附加值，深刻影响消费者的选择动机。现代市场竞争从表面上看没有硝烟，却有企业家称其为“商战”，原因在于其智力动员的规模、智力较量的层次和强度不亚于传统意义上的战争。今天，我们仍然是第一大外汇储备国，但输出到全世界的产品多处于国际分工的低端，有时候远洋巨轮满载MADE IN CHINA的日用品出海，其货币价值甚至不及返航时几个集装箱所带回的数控机床。除了物质形态及其制造体系之外，围绕研发设计、服务维护，市场运营等方面展开的行为，实际上就是一国国民整体素养的深刻体现，同样构成商品的成本要素和内在价值。长期积累的技术能力和运营水平所支撑的质量服务体系对消费行为具备明显的召唤效应，消费者对一国国民的亲和感，进而与其所生产商品内在文化机理的对话与潜对话，都与该国软实力强度和整体国民素养密切相关。很多人到国外“疯狂”购物，实质上是对于域外品牌及其附加文化取向、生活方式的青睐，是对于品牌及其所在企业、所在国民寄予的信任和托付，从某种程度上是对一国国民素养的肯定。

国民素养可能浸润在一砖一瓦、一草一木之中，它如同蒙娜丽莎的微笑，没有重量、不可企及，却穿越时间和空间，作用于人们的心灵。它主要包括一国国民所选择的制度和发展模式的吸引力、文化和价值观的感召力、国家和国民形象的亲和力等一切由国民的思想文化、价值观念、行为选择所释放出来的无形影响力。这种软实力如果运用得好，可以在很大程度上改善一个国家的外部环境，提升其国际地位，帮助国家达成多种目的。在大国崛起的进程中，通过软实力奏效的案例比比皆是，例如通过创造、主导或参与国际性机制借机推行软实力，通过国家形象建设工程逐步积淀软实力，通过影响他国的战略判断和利益预期来渗透软实力，等等。从自由贸易到标准货币，从国际货币基金组织到世界贸易组织，19世纪的英国和20世纪后半叶的美国通过创建新的符合英美自由主义和民主主义经济体制的国际规则体系和机构，向全球输出一系列价值观念和行为方式体系，至今深刻影响和塑造着国际政治的通行规则、主流话语和议程设置。大国形象必须在他者的眼光之中获得验证。时至今日，好莱坞制造的“末日拯救”叙事模式、“孤胆英雄”主义将美国的“世界警察”和“拯救者”角色通过电影院线和互联网络悄然注入中产阶层的内心世界，在挑战面前永不言败的“黑人总统”形象甚至已经登上现实舞台。而由于意识形态的原因，华人在好莱坞大片中的形象多遭丑化、矮化、平庸化甚至是妖魔化，黄皮肤黑眼睛多以配角面目出现甚至有可能是故事推进的“麻烦之源”，即使是步入星光大道的华人巨星很多在银幕上展示地也是暴力或诡计多端的角色。罗曼·波兰斯基确实是一名不可多得的电影大师，而他的大作《唐人街》不能不令很多中国知识分子对一代好莱坞精英感到失望，风靡一时的美剧力作《Lost》通过对航班坠机后来自不同文化的乘客之间错综勾连的命运情感世界的演绎试图探索某种人类终极价值，颇具人文深度，但华人形象仍然没有走出身材单薄、行事诡异的配角怪圈。直到最近一段时间，好莱坞才意识到必须讨好来自中国的消费群体，不得不将华人形象予以某种提升。可见一个恰如其分的国际形象不是一厢情愿的，它既是各国实力对比的某种反映，也取决于一国围绕“软实力”建设的国家行为和战略投入。

（三）上兵伐谋，大国攻心

“软实力”的实施可以看作一项传播事实的艺术，通过争夺传媒制高点掌控话语权是“软实力”博弈的重要方面，影视、互联网、手机等即时性、随身性、全天候媒介形态填平信息鸿沟的背后，是对信息发布渠道掌控权、信息话语权和受众覆盖的激烈争夺，在这一进程中，对海量信息进行管理和发布需要展开以物质资本和高级人力资本为核心的庞大生产流通消费体系。围绕信息网络硬件资源体系、价值文化观念领域的话语权分配，一个直接作用于人们价值观念、思想情感和行为方式，涵盖设备装备制造、知识产权交易、文化消费服务、人文时尚传播等在内的宏大流通体系在全球展开。我们已经步入一个“软实力”博弈千帆竞发的格局，在这个进程中，停滞就意味着落后，落后就要挨打，不进则退。从当代国际政治经济深刻竞争的维度，从中华民族统一大业的高度，从维护现实中国利益的角度，都应当积极参与全球化进程背后存在着的日益频繁且复杂的软实力博弈，大力推进国民素养建设。尤其是国际金融危机爆发后，世界经济秩序面临调整，我国国际地位相对进一步上升，而某些国家对我国猜忌和疑虑之心越来越重，并利用其话语权优势，不断抛出“中国威胁论”“中国责任论”等论调，为我国和平发展设置障碍。这更需要我们慎重、科学地经营国家形象，重视国民素养建设，提升我国软实力。从另一方面看，中华民族的伟大复兴，必然伴随着中华文化的伟大复兴和国民素养的整体提升。辛亥革命百年以来，中华民族继承和发展文化传统，携手推进社会主义文化大发展大繁荣，对世界文明做出了重要贡献。新中国成立六十年以来，在科学发展中不断创新的中国特色社会主义道路为全人类探索、开辟着一条富强民主文明之路。改革开放三十多年来的快速发展，使中国积聚了一定的物质基础，致力于振兴和拓展国家软实力、整体推进国民素养建设正逢其时。

“软实力”的实质是国家实力的对话，这种博弈涵盖经济政治、社会生活、价值文化等许多方面和领域，包罗万象，实现方式十分丰富，但主要是通过某种思想碰撞、观念再造、价值互动、人文交流、文化消费和行为塑造来实现，最终反映为一定的国民素养水平。作为国家“软实力”的重要方面，国民素养是国家战略安全体系的重要组成部分，是国家重要的战略资源，是国家的核心竞争力之一，它既是国家软实力的直接体现，也是“软实力”的重要输出渠道。经由国民素养建设和国家形象塑造，可望形成广泛群体对国家软实力的文化感召和精神认同，从而完成对特定思想观念、思维模式、行为方式、价值判断的传播与塑造，促成境外消费者对该国产品产生广泛的兴趣和消费习惯。从历史上看，大国崛起进程中往往伴随着一次深刻的文化启蒙，随着参与国际产业分工进程的日益深广，通过国民素养建设输出软实力，传播文化影响力，在未来全球格局中注入来自中国的人文印记和文化元素，对于中国全面走向世界、提升中国的国际影响力、实现和平发展都具有积极意义。国民素养建设有利于增强国家、民族、社会的文化自信心和凝聚力，形成明确的国家安全心理结构、稳健的战略安全环境，从根本上抵消来自境外软实力的某种攻势。围绕国民素养建设能够生成若干富有个性的、不可复制的、规模庞大且生生不息的“小我”，由此交汇为一个民族的“大我”。有了强健的“大我”，才有百舸争流千帆竞发的对外贸易输出。

（四）天下之难事必作于易，天下之大事必作于细

国民素养是民族传统、文明程度、文化资源交相作用的结果，是一个国家、民族在漫长历史和急剧变化的现实之中长期确立的道德信誉、礼仪质量和文明程度的总和，沧海桑田，大浪淘沙，来之不易。尤其是与国家文化软实力、政治影响力关系密切的包涵道德、精神、礼仪为一体的国民形象，已经成为大国崛起的新内涵。也正是从这个尺度上，北京奥运会、上海世博会等向全世界展示了重诺守信、不懈追求光明的华人形象，从一个侧面体现出当代中国人热情真诚的精神面貌。然而，一个堪称奢华的开幕式对国力的渲染不能不引起来自别国学者的某种战略警惕，同样的，世

博会开幕式上盛大焰火在电视屏幕上留下的袅袅余烟、奥运观众离席后遗留在现场的矿泉水瓶，也足以引起我们对于国民素养建设的思考。政治的目的、文化的目的不是权力和财富，而是人与社会的至善至美。近些年来，中国发展脚步之快固然令人欣喜，但作为世界上人口最多的发展中国家，其负重之难更值得深思。在经济快速发展的同时，必须更加重视对人本身的价值塑造、人文洗礼和文化供给，才能从根本上避免时代创痛。一战、二战向世人表明，沧海桑田之后，大炮和大厦都不再那么显要，拨去历史云烟，长久令人震撼的是永不熄灭的思想文化之火。文化发展不争一时一事，而是着眼于经济社会长期可持续体系的探索与建设，“两手都要抓、两手都要硬”朴素地表达了历史运行和国家发展中的基本准则和普遍经验，就是在崭新的时代格局面前，任何国家都勿唯利是图，而要坚持与时俱进，勇于传承文明和创新发展模式，脚踏实地地担当起繁荣文化、造福民生的历史使命。从这个意义上讲，在经济全球化、政治多极化、思想文化愈加多元化的时代格局中探寻有中国特色的文化发展之道，在“软实力”和国民素养建设方面有所建树，尤其是应当重视在实体经济和国际交往之中软实力元素的介入程度、深度、水准和质量，将从根本上决定未来参与国际竞争、实现和平崛起的层次和水平。几十年来，我们一再强调人口多、底子薄，人均国民生产总值低下，换言之、泱泱大国十几亿分子还没有在当代中国古今、中西多边交叠和多元撞碰中全面激活思想穿透力和文化创造力、产生足以影响世界的软实力。机器制造固然需要过程，但思想意识取决于我们自己。我们有时候会由于一些原因对于购买某个国家的商品产生犹豫，在我们不得不意识到其精工产品背后的道德悖论时，是否也会联想到，别国公民在超市流连和比较时，会对一个出现地沟油、墙脆脆、光天化日之下毁车伤人的国家所生产的产品作何评价。千里之行基于跬步，国民形象人人有责。

（2012年11月2日）

向南发展“信息高铁”

作为国际互联网的骨架，海底光缆承载着90%以上的国际通信业务运行。海缆主权的多少，直接关联着大数据流向、云计算结果运用、跨国数据中心选址等新兴战略资源的配置，深刻影响国家信息通讯安全，成为大国必争领域。目前，受客观因素和复杂地缘环境影响，我国向南、向西海缆与各国直连带宽较窄，建设份额还比较低，在一定程度上制约了我国地缘战略和“一带一路”布局。特别是在近年来新加坡等区域国家积极启动海缆项目，谋求以光缆登陆点为优势建构区域数据中心乃至形成互联网“新马六甲咽喉”的预期之下，我国自主建设与中南半岛、印尼群岛直连海缆，做强“信息出海口”，乃至建构环亚洲“信息高铁”体系，显得尤为紧要。鉴于我国企业在信息通讯、云计算、网络安全等领域已拥有世界一流的技术实力，宜启动中国—泰国、中国—印尼直达海缆，以此为战略节点串联沿途国家；再由泰国向西延伸至印度半岛，由印尼向东覆盖太平洋地区，同步连接陆缆形成新月形闭环；后在区域内深度纵横，向非洲、拉美扩张，加深对我国战略区域的信息辐射力，保障我国洲际供应链流畅运行。

（一）海底光缆建设滞后，影响我国在东盟地区竞争力

“十二五”以来，我国加速建设通往日、美等方向海缆，南向、西向海缆建设布局不足，致信息出海受阻。东南亚、南太各国与我国直连带宽很小，其中孟加拉国、柬埔寨、斯里兰卡、尼泊尔、印尼、马来西亚、澳大利亚等没有与我国内地直联的带宽，需要经过欧美、新加坡、中国香港等地中转。

稀缺的海缆专线带宽导致信息流通成本高昂，一定程度上稀释了我国企业借“互联网+”“一带一路”走出去的政策红利。例如，我国至欧美、日、新专线月租费以Mbps单位计算仅几十美元，而到尼泊尔则超过1000美元，到孟加拉国、缅甸甚至超过2500美元。以华为为例，在缅甸需要500Mbps带宽，每月专线宽带费就达140万美元。2015年，腾讯曾考察在泰国建立数据中心，终因直连带宽有限、通讯费用高昂，将服务器放到了新加坡。

物理连接容量不足将严重影响我国对东盟区域的辐射能力及影响力。东盟各国已相继出台信息通讯技术（ICT）发展规划，如泰国国家宽带战略、数字孟加拉国2021战略、柬埔寨ICT2020规划、缅甸国家ICT规划等。预计未来5年，将新增6.5亿移动互联网用户和2000万固定宽带用户。到2020年，总流量增长超过10倍，将释放巨大创新机会和市场空间。东盟等新兴市场将成为欧洲、日韩等与我国信息产业短兵相接之地。已经有一些国家元首多次表示，期待并欢迎中国方案引领转型。但物理连接容量不足，将使我

国基于互联网的创新优势陷入“上受制于数据，下受制于应用”的不利局面。随着4G、5G业务的兴起和更多高带宽应用的普及，直通带宽不足的矛盾将更加突出，我国地缘区位临近和“互联网+产业圈层”两大优势将被包括光缆在内的硬件投入不足的劣势所稀释。

（二）东盟主要国家正在竞相布局海底光缆

早在20世纪80年代，新加坡政府就超前布局建设海缆，提出ICT战略；2003年，又提出将新加坡建设为区域ICT互联中心。过去10年是新加坡海底光缆建设投资的高峰期，2001—2016年参与建设投产20条以上；2017年预计建设投产2条；2018—2020年还将参与建设3—5条。目前，东盟区域通往世界各个方向的海缆几乎全部经由新加坡中转，而且绝大多数都由新加坡参与建设。通过政策稳定支持、运营商大力投资，新加坡全面推进海底光缆、数据中心和国家宽带建设，逐渐占据了东盟ICT互联的关键位置，构建了一个约1000亿新元的ICT市场，且每年保持12%的增长。与东盟国家国际带宽平均1Tbps左右的水平相比，新加坡2015年的国际互联流量达到12.76Tbps。谷歌、微软、亚马逊等重要互联网内容提供商的东南亚数据中心均建设在该国。由新方主导的“互联网马六甲咽喉”已经初步形成，挟国际通讯关口，影响地缘政治。同样占据地缘优势的印尼，拥有17500多个岛屿，对海缆依存度极高。然而由于缺乏统一规划、行动较晚，目前近六成的带宽要通过新加坡才能“出海”，严重制约这个拥有2.48亿人口、占东盟60%经济总量的国家ICT产业的发展和信息安全。新加坡对海缆的抢占，事实上也压缩了各国通往我国的带宽份额。例如，在印尼国际带宽出口中，到中国的带宽占20.64%，到新加坡的带宽占58.02%，接近中国的3倍。印度国际带宽出口中，到中国的带宽占比仅为3.09%，到新加坡的带宽占29.04%，接近中国的10倍。

新加坡一家独大的状况已经引起区域国家的连锁反应，相关国家开始注意加紧区域ICT布局。泰国政府提出区域ICT中心战略，并借助打通其南部与马来西亚邻近部分陆缆通道，实现海缆经由泰国湾去往缅甸海、孟加拉湾的快速贯通。这为我国南向海缆建设带来机遇，既可以大幅缩减建设距离，又能获得新的登陆点，绕开咽喉封锁，避免在物理路由上对单点形成过度依赖。此外，印尼等东南亚区域内相关政府和运营商对海缆建设也有较强烈诉求，与我国的“一带一路”构想高度匹配。

（三）海底光缆建设有助于我国产业结构升级、产能输出和软实力覆盖

面向未来，海缆建设只是我国从全球角度运筹要素配置和拓展供应链体系的一个缩影。近年来，我国着力借助互联网、物联网、信息高速公路和物流基础设施禀赋与中国制造传统优势的融通整合，打通洲际陆上经济走廊，从根本上消解来自东向海洋彼岸的新竞争优势；在中观层次以物流基础设施合作为契机延伸我国传统产业和跨国供应链，对内为优质产能开辟输出渠道，将中西部广袤地域纳入洲际共同市场；对外以属地本土化合作的形式规避欧盟地区的商业壁垒，推动产业体系、商品和产业工人渐次国际化，并扎实培育一批现代企业家群体，将当代公众塑造为有远见的世界公民。

在东南亚和南太地区，我国产能输出“高低并行”。一方面，电子、服装、轻工制造等低附加值产业加速向东南亚、南太等地区转移，缓解我国

经济结构升级、环境承载力不足等问题；另一方面，ICT和互联网等高附加值产业在该区域迅速扩张，市场份额和收益不断上扬，边际效应递增，较传统产能输出更加迅速、隐蔽，反促国内调结构的效用更加明显。长远看，应从拓展洲际供应链高度加紧海底光缆建设布局，保障通讯基础设施安全性和传播渠道主动权。

产业方面，通讯海缆建设施工难度大、技术含量高、对产业链要求十分完整，是国际通讯工程领域“皇冠上的明珠”。在通讯技术短期难以质变的前提下，该需求长期看好，是引导我国通讯技术全产业链优化升级的重要支撑。在印尼，海缆建设不仅拉动了ICT行业发展，还催生了本地行业投资、船舶运输、专用工具、水下机器人等发展。海缆工程的增加，还将推动相关法律完善和行业标准的制定，产生更加开放、多元的投资和运作模式，带动资本和产能的输出。

管道方面，以海缆牵引中国运营商在东南亚和南太布局，聚焦“信息高速公路”和“收费站”的建设，可大大降低国际化风险。东南亚、南太国家腐败高发、政局不稳，对于我国运营商而言，无论是以购买还是持股方式参与海缆建设，都存在相当大的风险，造成在海外业务运营困难。在“一带一路”政策的支持下，以我为主，加强沿线国家基础设施建设，保证了我国南向信息高速公路的自主权。我国企业在海缆通信网络建设方面积累了丰富经验，拥有较高的技术优势和可靠的质量保证，使电信企业更容易走出去，实现主动布局，快速“跑马圈地”。

内容方面，借直连海缆出海，以内容、数据优势占领东南亚市场是我国互联网企业由大变强、构建互联网世界新秩序的先手棋。内容源是东南亚各国要成为区域ICT中心、数据中心必将争夺的核心资源。腾讯、百度、搜狐等著名互联网企业，以其完整的内容生态系统和海量用户数据的汇聚能力，具备助力泰国、印尼等国与新加坡抗衡，成为东盟ICT中心、数据中心的能力。泰国、印尼数据中心的设立，可以与中国香港资源并行、备份，大大促动当地用户流量和带宽增长、改善海内外用户体验差别明显问题、降低跨国网络结算费用，符合我国企业与谷歌、脸书、亚马逊争夺新兴市场用户、主动走出去、由大变强的战略选择。

影响力方面，东南亚各国人口结构低龄化，借助直连海缆带来的互联速度大幅提升，新兴应用和内容将加大我国意识形态和文化输出。东南亚区域内17亿人口中，30岁以下年轻人口9.6亿，约占区域总人口的55%，价值观深受移动互联网影响，生活方式随着手机应用的潮流而变。在泰国、越南、缅甸等地，电商刚刚起步，外卖服务、移动支付、快递业等方兴未艾，视频内容媒体蓄势待发，移动互联网衍生的创新创业热潮处于萌芽状态，新商业模式有待发掘。在一些国家，如何满足年轻人对互联网诉求，对执政党而言直接意味着选票，如柬埔寨等与中国友好亲近的国家希望能有中国互联网平台进入，摆脱欧美操控网络舆论和意识形态的局面。这些都将是我国经济贸易、文化交流的潜在机会。

（四）怎样布局南向海底光缆

建设“信息丝绸之路”和东盟各国ICT行业加速发展对带宽的需求，最终都将体现在对海缆网络带宽和通达性的诉求上。考虑到地缘政治、经济水平、主权份额等因素，我国南向海缆建设可优先瞄准泰国、印尼两点，与深港互为依托，实现自主海缆快速扩张。具体可分为三步走：

一是建设连接中国—泰国、中国—印尼的直达海缆。泰国方向，登陆泰南部宋卡，沿途覆盖越南、柬埔寨，与泰国湾—缅甸海陆缆通道连接，对接我国正在建设的西进海缆SeaMeWe5，改变该向海缆几乎必经马六甲海峡的局面。印尼方向，直连海缆将使两个人口大国互通，沿途覆盖菲律宾、马来西亚、新加坡。作为南太方向新的信息出海口，将增强我国辐射力度，降低企业投资风险。

二是海、陆缆并行，实现对中南半岛的广覆盖，加强对南太岛国辐射。海缆部分，通过泰国出口，实现对缅甸、巴基斯坦、孟加拉国、印度、斯里兰卡的广覆盖。进一步打通中国到欧洲和非洲的信息链路，形成完整的亚太信息链。陆缆部分可以考虑两种方案，一种是通过运营商之间的链路置换，完成中国对缅甸和老挝的区域覆盖，进而延伸到泰国（时间短，带宽小）。另一种是依靠中老泰铁路的建设，形成第三条链路（带宽大，时间长），从而实现海陆缆成环保护。长远看建议以后者为主、前者为辅，注重与沿海港口的基础设施衔接，形成海陆缆一体化，区域密集覆盖。由印尼向东延伸，深度参与南太岛国的海缆互联。

三是海缆深度覆盖，增强我国在东南亚、南太区域信息中心的实际地位。纵横深耕覆盖区域并向非洲、拉美等方向延伸，有效提升与我国战略区域信息往来。泰国、印尼在区域信息中心的地位将得到提高，我国有望成为该区域跨国通信基础设施的主导者。

（2017年11月10日）

伦敦金融笔记

观察1：英镑仍处波动区间，英国金融面临挑战

英国未来金融环境仍具不确定性。2017年11月2日，英格兰银行将基准利率从0.25%上调至0.5%，为2007年以来首次加息，表明英国正式进入加息通道。此次加息已在市场预期之内，且根据英格兰银行最新预测，到2020年基准利率只会上升到1%左右。如此温和的鸽派加息路径使得此次加息非但没有推高英镑汇率，反而使其应声下挫近1%。主要原因在于，近年来英国一直坚持的量化宽松政策对经济的刺激作用已很微弱，继续坚持反而会推高资产价格，形成泡沫。此外，抵消国内开始逐渐上升的通胀率也是此次加息的动因之一。一方面，英格兰银行打出加息牌后，仍未阻止英镑汇率下跌趋势，可见“脱欧”等国际事件对英国金融的某种负面影响仍未消散。预期未来一段时间，英镑汇率仍将处于波动区间。另一方面，英国脱欧后，司法、关税、金融监管等一系列制度亟待重新建立或调整，预

期英国金融监管将进一步趋紧，未来2—3年，英国整体金融形势仍具不确定性，由此带来的投资和贸易风险不容小觑。

观察2：伦敦金融中心地位可能受到一定程度冲击

长期以来，伦敦金融城（City of London）一直是和纽约华尔街并列的世界两大金融中心之一。这里有几百家银行、保险公司、贴现公司等金融服务机构，全球约4%的货币业务在伦敦交易。

作为世界上最大的外汇市场，伦敦每年外汇成交总额达到3万亿英镑。同时，伦敦还是最大的离岸美元市场，占全球离岸美元成交额的1/3以上。值得一提的是，伦敦金融城还形成了完善的“潜规则”——信用机制。诚信者才可能受益，不诚信者会付出相当大的成本。诚信已成为从业者愿意共同维护的商业准则。这构筑了伦敦金融城坚实的商业基础。“脱欧”之后，英国整体金融环境发生一定程度的动荡。一是英镑汇率波动下跌，一度较2016年2月水平大幅下跌超过8%。二是英国国债价格上升，收益率下滑，曾较2016年2月水平下跌7个基点左右。英国财政部发布的2017年秋季财政预算报告认为，未来5年经济将处于低增长轨道。这种形势下，英国金融界虽然对伦敦将继续作为国际金融中心深信不疑，但也拿不出充分、有说服力的论证逻辑，某种程度显示出英国金融界对“脱欧”的模糊性乃至悲观预期。从英国各阶层人士对“脱欧”仍然褒贬不一的实际情况看，“脱欧”正在加剧英国内部乃至欧盟自我认同的混乱感，不排除英国经历曲折反复又回归融入欧盟的可能性。若英国顺利“脱欧”，一些著名银行有可能把总部搬迁到德国法兰克福或在其他国家另设分支机构；欧洲其他国家将

与英国央行货币委员会的先生们座谈

进一步走向混乱，离心性行为可能渐次蔓延到西班牙、意大利、法国。

虽然保护主义倾向也在伦敦抬头，但英国金融竞争优势仍将长期存在。英国金融监管框架主要特点可以概括为两个方面，一是注重宏观管理和规则制定。英国金融监管相关法条众多、细致入微，法律框架体系和信用体系较为完善。英国政府对微观市场行为甚少直接干涉，金融市场参与机构在规则允许范围内可“各行其事”。二是注重事中事后监管。英国金融监管当局非常注重对市场相关行为的监督管理，且对市场变化跟进迅速。这仰仗于其拥有健全的法律制度和透明有效的司法程序，市场参与主体的行为一旦触及规则之外或违反相关规定，将会受到相应较为严重的处罚。“脱欧”之后，英国相关金融监管制度尤其是跨境金融监管将相应采取一定程度的调整。与英国金融专家们交流得知，英国金融监管将进一步趋紧，对银行业金融机构资本金和流动性的管理将继续趋严。为应对这种形势变化，英国本土银行在资本金、流动性以及贷款利率和期限的管理上将趋向保守，基础设施建设等长期贷款项目获取本土金融机构的支持难度加大。这为外资金融机构尤其是中资金融机构在相关方面拓展业务创造了有利条件。关于美国金融监管态势，与英国金融专家统一了看法，即舆论通常认为，美联储未来将会延续较为稳健的货币紧缩或货币正常化路径，但这并不意味着要彻底推翻国际金融危机之后的监管政策，美国并不是要违背巴塞尔协议Ⅲ，加强监管仍然是其大趋势、大概率。

观察3：英国营商环境具备优势但仍有优化空间

英国以其深厚的人才资源潜力、密集的中介服务机构、完备的法律制度以及伦敦世界金融中心地位等综合优势吸引了大量外资。经过几百年的发展，英国现代法制体系已日臻完善，司法系统稳健有力，为公平、公正地解决法律纠纷提供了可靠框架；伦敦集中了众多律师事务所、会计师事务所、咨询机构、财务顾问等中介机构，可以为企业经营、融资、并购等行为提供切实的支持，并有着良好的商业信用作为支撑；英国是现代大学的发源地，有着近千年积淀的大学文化，剑桥、牛津等一大批世界级学府向市场提供着源源不断的人才储备。

通过实地走访及与英国各阶层的交流发现，虽然“脱欧”后伦敦金融中心的地位可能会受一定程度冲击，但上述基本优势不会发生太大变化。英国投资环境仍然具有不可替代性，包括对外开放和金融市场优势，英语具有世界语言的交流优势，英国地处格林尼治国际变更线与世界各国便捷开展国际合作的地理优势等。

同时，英国在吸引外资方面相对欧盟国家（法、德等）具有更大的开放度，不干预政策倾向明显，整体投资环境在欧洲乃至世界仍具有很强的竞争力。

近一个时期以来，“曹德旺事件”广受关注，某种程度上削弱了公众对于我国营商环境、营商成本的预期，但通过在英国较长时间的观察，一些细节上的比较使人们对于中国营商环境及其比较优势仍具信心。例如，仅从城市公共交通成本看，伦敦地铁票价至少是北京的10倍，公交车票价至少是北京的6倍。从城市通讯基础设施看，伦敦市郊大都没有无线网络信号覆盖，城区信号也是时强时弱，而北京不少公交车内都有WIFI信号覆盖。伦敦地铁通道狭窄、设施陈旧，地铁廊道内手机通讯时断时续，一旦发生突发事件，后果难以想象，而北京真正实现了无线网络无缝覆盖，每三个地铁车厢和每部公交车内均配备有一名专职安全员值班，市民公共交通的性价比和安全感远高于伦敦。

观察4：英国外商投资政策最新情况

特雷莎·梅在竞选纲领中承诺，将确保重要基础设施领域的外来投资不损害英国的安全利益。其上台后，相较前任政府，对中方投资态度相对谨慎。从英方介绍的情况看，政府对绿地投资方面的政策将保持一贯的开放态度，不会有太多变化。但是，围绕跨境并购行为，保护主义有抬头趋势，主要表现在两方面：一是限制跨境并购的领域，在高科技行业、英国北海油气开采等能源产业、涉及控制权的发电站等基础设施方面，都将可能采取更加严格的安审政策。这对境外公司并购行为将构成一定程度的壁垒。来自中国的大型投资项目面临重审和暂缓的可能性仍不可低估。二是拟出台针对跨境并购的相关法案，收紧对中国为主的外来投资的审查。据英国当地相关人士介绍，目前已草拟科技等行业相关管理管控法案，并提交议会通过。

观察5：中资企业在英投资宜积极关注当地政策法律动态变动

近年来，我国资本加速走向世界，在全球范围内开辟投融资和产能合作机会。这对推进我国资本和企业国际化进程、获取国际先进技术和理念等发挥了重要作用。然而，在此过程中，也存在某些不理性的投资行为，引起投资目的地国的警惕和防范。

楼顶挺立小金人的英格兰银行

根据上述英国营商环境和金融监管方面的最新变化，中资企业在英投资风险与机会并存，宜积极关注当地政策法律动态变动，避免因信息了解不全面而造成重大投资损失，减少因不理性投资引发英方关注或介入的可能性。一方面，由于吸引外资相关优势不变，英国仍将是世界上最有竞争力的投资地之一，中资企业在英投资，尤其是绿地投资将仍有一定机会；另一方面，未来我国企业在英实施跨境并购时宜加强对英国政治和金融环境的考量，加强对当地政策、法律的了解以及变动情况的实时跟踪关注，加强与当地律师事务所、财务顾问等中介机构的合作。中资金融机构在更好服务中资企业对外投资的同时，需更加融入当地金融环境，增加本地雇员比例，缩小与世界传统大型金融机构的差距。

观察6：英方与我国合作意愿增强

为弥补“脱欧”后欧盟单一市场的损失，英方必将加强与欧盟外第三方的合作。这可能使英国从某种程度上倾向于中国。同时，短期内美元的强势以及美国经济对世界其他主要经济体的影响加强，也使得英国有足够动力加强对华合作。

近期，英国一直在重申反对贸易保护主义，表明其有意继续扩大对外开放，吸引高水平外商投资，拟与欧盟以外其他经济体谈判商签新的投资贸易协定。同时，英国利用多种场合强调中英合作的互补性，希望与中国开展“一带一路”、基础设施、绿色金融、第三方市场等多领域合作。实地考察发现，英国金融界主流人士高度关注地缘政治风险，多次提及东北亚局势，其对朝核危机风险的重视程度甚至大于我国对于“脱欧”的关注。这超出了许多人的预料。金融界素来反应灵敏，不能不令人猜想，他们可能已经提前嗅到了来自美国的某种火药味。同时，英国各界对我国国内形势及政策，尤其是外资相关政策跟踪研讨也非常敏锐及时。在伦敦期间，恰逢中国政府有关部门公开发布《企业境外投资管理办法（征求意见稿）》，相关律所和金融机构皆就此提问和进行讨论，充分肯定中国在相关领域做出的积极努力。

“脱欧”在即，更多合作窗口有望打开，英国发展优势仍然存在，中英合作交流机遇广泛。宜未雨绸缪，充分发挥现有两国合作机制作用，开展一系列机制化的经贸投资安排，着力提升合作水平，积极谋划推进互利共赢。首先，注重发展战略对接，推动“一带一路”建设与英“北方增长中心”计划融合发展，落实基础设施、核电、高端制造业、教育科技等多个领域大型合作项目。其次，大力引导中小企业间的高科技并购。最后，积极拓展金融等现代服务业方面的合作，努力培育中资金融机构英国分支机构的发展，开辟第三方市场合作机缘，形成更多实质性合作内容。

在英国还能深刻感受到传统与现代、城市与田园、古典与时尚、科技与人文诸元素长期包容共生、和谐发展，很多城市治理思维和人文细节值得学习借鉴。这提示我们，在全球化时代，国家和政府既要对经济要素进行资源配置和组织运筹，也要重视对于历史传统、人文观念等无形资产的传承和运用。在经济外交进程中，推进文化外交和软实力建设同样不可或缺。因此，在财金对话、经济合作愈加广泛之际，人文互鉴的深度和广度也十分重要，宜继续深入推进人文交流，重视文化、人文和软实力建设，既要开展好经济合作，注重互惠互利，也要重视增进人文认同，使普通民众从国家之间的合作成果中分享更多“获得感”。

观察7：对完善我国债务融资管理的启示

英国是欧洲第一大债券市场，监管体系健全，市场容量大，产品形态发展成熟，与美国等国相比，主要特色在于：债券市场以批发市场为主；行业自律充分发挥作用；担保信用体系建设完善。借鉴英国等国债券融资管理的经验和做法，协调各监管部门的职能，逐步建立科学规范统一的债券监管体系，是发展我国债券市场所面临的重要任务。改革开放以来，我国货币政策和金融监管制度立足国情，与国际标准接轨，探索构建宏观审慎政策框架，防控系统性风险冲击的能力增强。为进一步提高我国债券市场的市场化、规范化和法治化水平，深化推动债券市场监管方式的改革，宜根据国际通行规则和我国具体国情进一步完善债券市场监管体系和规则，在发行市场按照公共债、公司债、机构债和外国债分别制定发行规则，在交易市场努力制定共同的规则，以保证市场的统一和效率。既要在统一监管规则的基础上建立债券监管机构的高层协调机制，发挥各市场主管部门的合力，保证对债券市场的统一决策和有效执行，共同努力推动我国债券市场的发展，也可考虑把债券注册发行和监管的具体职能从现有各主管部门中独立出来，设立专门的债券监管职能机构。

在市场体系建设方面，宜重视以银行间的场外债券市场发展，突破场外的银行间债券市场透明度不高、交易效率较低等问题限制，逐步完善与国际接轨的发行交易规则、信息披露和信用评级制度体系。同时，渐次培育功能完善的债券托管系统，为市场提供发行、登记、托管、结算、信息披露等在内的一体化服务，推动债券高效、安全的跨市场流动，提高债券市场定价的稳定性和有效性，实现境内市场对人民币资产定价权的掌控。在风险防控方面，宜进一步加强和规范地方债务管理，建立适合我国国情的科学、规范、高效、可预期、可预警、可干预的债务规模控制和风险预警机制体系。

值得一提的是，伦敦除了是国际金融中心外，还是世界上重要的仲裁地，受到各类交易主体的委托和信赖。这既源于英国法治体系完备、法律服务环境顺畅、法律人才密集，也因为绝大部分跨境交易是以英语为通用文本进行协商和起草的。这启示我们，在积极促进“一带一路”国际合作和跨境资本合作的进程中，应注意形成以汉语作为标准文本语言的法律法规和条文体系，并在西安、兰州以及新疆等重要节点开辟有特色的国际金融和商事仲裁中心。同时，培育面向“一带一路”沿线国家和周边毗邻区域的国际评级机构，将人民币债券市场作为国际化发展的重要目标，积极尝试推进评级业务与投资人服务等，打造在国际信用评级领域独特的话语权和竞争力，形成一批特色鲜明的信用评级机构，推动我国债券市场的国际化进程。

（2017年11月8日）

※

六

※

诗和远方

童　年
——帮靳暖小朋友写的歌词

实验一小的校园，
有我欢乐的童年，
上课铃带来故事，
课间操是我的舞台。

小明和我把花草浇灌，
莉莉总是跟我抢秋千，
我问老师怎么办，
老师说等长大了就能有更多伙伴，
酸甜苦辣都是美好的童年。

蒲公英撑开大伞，
花喜鹊住在我心间。
赵老师是我的偶像，
我爸爸是我的大船，
Jack和我玩跷跷板。
我经常到隔壁班捣乱，
老师说你可怎么办，
我说等长大了就不再做调皮蛋，
谢谢您陪我精彩的童年。

一首歌的时间，
一个棒棒糖的时间，
一起走过的时间，
是我甜蜜的童年。
我爱你我亲爱的伙伴，
我爱你我美丽的童年。

（2014年2月5日）

鄂尔多斯赋

鄂尔多斯，地袤天骄，宫阁典丽，鸣凤怀箫。廓枕长城，河岳杳渺，白驹八拜，牧云赴遥。

壮哉斯城，亘古襟抱，海陆兴隆，高原雪藻。北辰朗照，听关河之破晓，南风抚雁，揽亿万年月皓。萨拉乌苏之滨，人猿曾揖别，朱开沟古堡，青铜碧洗香稻。蒙恬拓疆，樵子往来秦汉之古道，昭君和亲，渔人吟唱乐府之窈窕。极游北溟，著大蒙古青册，鹰瞰宇内，眠铁木真家庙。御驾西夏，一统冠盖巨万。承玺龙京，颐明长城华韶。七旗会盟，伊克昭仰王师之盛鼎，四海长歌，康巴什颂炎黄之光耀。

伟哉斯城，弘毅笃行，甘苦不畏，荣华不惊。历军阀横行，日寇荼毒，酷暑霜冻，人穷如镜。累世刀兵，民生多艰，水滥风倾，尘沙弥睛。移民流离，友多饥寒之忧病，故道草长，客失远来之花径。惟一九四九，禧制新政，民族自治，天下咸宁。改革开放，福禄普降，市场经济，盛势励兴。斩棘披荆，华厦奠于热土，天道酬勤，百业启于群英。鹂音嘉庆，草原行仁德之律令，牛肥熙康，鸿鹄修春雨之无形。

奇哉斯城，宝藏丰饶，煤蕴沃野，气冠寰中。土石有灵，巧匠塑瓷艺之珍瑰，盐碱含情，化工造百姓之辎重。紫砂煮茶，柳荫滴秀青石路，白羊絮暖，童颜晴笑红霓中。甘草长荣，落叶救危难于顽凶，黄芪盛放，舍身拯烈焰于倥偬。古道不灭，千八百里，广十五步，隐以金锥，树以青松。新途宏阔，数十条线，高万余丈，翔以飞机，弛以深空。民歌悠扬，漫瀚调汇雅颂，碗筷成舞，祭祀礼融和风。沙为弦，天风谱成深沉曲，石成像，大爱凝映天地容。

盛世同登临，当此际遇，高科技、高效益、高附加值，科学发展追先贤之铭表。河山共怀抱，斯是时也，大煤电，大化工，大产业观，文化优先领全球之风标。和谐为贵，德育胜景，拱手海国东西客。人才为最，棋高新径，纵横全球大小潮。及至云祥鼓隆，初览堂奥，金声鹊起，民乐陶陶，恰乘巨澜而试智舵，居福地而养浩。常逢鲤旺雨淑，荔浓谷香，宜抚各族而恤广众，植寸土而绿远近，扬仁爱而辉暮朝。

豪哉鄂尔多斯！下九地而撷物华，上九天而驭麒麟。妙哉鄂尔多斯！燃炭黑而云烟净，冷暖历而城如春。美哉鄂尔多斯！繁星每从眉间过，白鹤常与行人亲。茵茵草原，莺啼燕影未减，巍巍城郭，巷陌笑语氤氲。万里青云来，昭河山之彤彩，热血豪情人依旧。千秋沧桑尽，望天地之锦途，披肝沥胆志铿锵。励吾同志，此言为信，此愿随身，上应天时，谐风物而通慧眼，下顺民意，仆众生而悟赤忱。国藉万世之基，家承百年之业，既为时代之宾，同当兴亡大任，一路观喷薄之红日，赏新发之春雷，朗朗乾坤，自有浩然人浩瀚心。

（2008年9月20日）

悼骆远骋

今晨我尊敬的老兄骆远骋驾鹤西去了。加上雾霾深重，这一天心情黝暗。写个挽联以敬，我一直相信，缘分不灭，相逢的人，会再相逢。

骆绎又经年，躬耕京华建广厦万乘，牛归宝山，牧笛高远绵润。

浩气不染尘，激扬燕蓟担宏图一肩，神在四海，壮心驰骋长存。

（2017年1月5日）

悼 何 鑫

好友何鑫医生离开了我们，伤别离写挽联相送。

何药能解春寒，撷青芝锦囊，妇孺翘望云中来客。

金石可鉴良医，邀朝阳黄鹤，燕蓟随启天上娑婆。

（2018年3月12日）

青云引·治霾

待到霾重如刀，
掬来磨墨可好？
广厦为篙，
苍烟入画，
人在砚中辽。

不觉间，
仿佛世人都老了。
阴风退壮士，
文武满朝知多少，
豪杰变了渔樵。

该知晓，
风不凭空来，
业靠自身消，
坐而论道等风标，
不如浪里构桥。
遍巡四海九万礁，
列出个子丑寅卯。
谁作怪来谁是妖，
不论诸葛与曹操，
身手蓝天鉴表。

待到帘卷云飘，
浩气山河横扫，
更绘新天可好？

（2016年12月20日）

伦 敦 冬 日

还是那样犹豫的雪意吗，

老屋角落找不到一盏切切低语的茶。

雁飞时，

就把问候寄给三万英尺阳光吧，

而冬季，

冬季更待芳华。

（2017 年 11 月 17 日）

霓　虹

——杨绛先生逝世

藏区地动，京都悬霓，未知象主何事？

春去油贵，杨花谢世，看官江湖再会。

（2016年5月25日）

青　玉　案
——有感军机飞临海峡

甲午年正月初二，闻知军机跨海巡航，海外华人亦感振奋，遇大陆游客无不笑语殷勤，试填一阕，恭祝四海晏然，喜乐平安。

鸥声细问儿时路，
旧巷陌，
深几许。
曾忆京华执手处。
伊人恩重，
故园情暖，
一遇乡音复。

祖屋老树年年绿，

汉水习习映心曲。

马踏春雷再震鼓，

并骑仗剑，

巡我山河固。

（2014年2月2日）

念奴娇·拜年

鹊鸣春曲，
送新禧，
甦兴神州风物。

骥跃关山，
辞往事，
蹄声云烟历历。

举杯邀龙，
横琴回雁，
万象一壶雪。
光阴走马，

寄南海浪千叠。

铭谢师长群贤，
一路多指教，
仁德有嘉。
挚友知音，
同暖寒，
君子情谊深切。

更上层楼，
星星知你我，
坐观华夏，
年来悄静，
再开一番功业。

（2014年2月1日）

春 之 笛

昨霄冻湖宿明月，
今晨霜叶照山房。
信步石径松留客，
细数风声颂汉唐。

（2014年1月1日）

春 之 湖

冰蓝湖岸柳丝长，
雁宿鱼眠叶舞忙。
更待寒风邀细雪，
梅启春信燕啄香。

（2013年12月25日）

关　　心

友人给我出题目了，对对联。

上联是：坑不坑人，人坑人。

我对了下联，是：

关不关心，心关心。

（2016年5月26日）

夏　　夜

念挚友，作小令一首。

北海门外，
蓦然一缕吉他。
遥想当年，
揽挚友夜话，
杯到底，
樽前满了，
座上咿咿呀呀。

任光阴走马，
如今老矣，

不胜汾阳杏花。
更八项规定甫下，
深更无官宴，
空余十万店家。

惟有我等小厮，
执羔羊数串，
围坐巷角石榻，
燕京纯生蜜瓜，
情义也无他。
更待来日，
三俩对坐，
一壶六安小瓜，
细说挑灯夜读，
朱子蒹葭。

（2013年7月22日）

西江月·游厦门大学

大厦栖云渚月，
小城执影追鸿，
浪疾风劲义雕龙，
旌鼓河山万重。
集美凭栏静处，
开疆弹指辽中，
猛禽图南翼指东，
曾斩其锋目送。

（2017年4月15日）

我不上当

我酷爱猜谜语和对对联。昨夜旅清迈看英拉府上放孔明灯，蔚为壮观，某兄蓦然想起昔年澳门日报大奖征集对联，其岳丈曾妙对一下联，得了二等奖两万澳币。上联是：明月照纱窗，个个孔明诸葛亮。其中诸葛隐含逐个、朱阁之意。

今天启程赴河内，路上观溪山幽静，得一下联：清风洗松岗，针针乐天白香山。说的是清风吹拂山岗，松针洒落，落地拜依香山，覆盖香山，化作春泥更留香。白与“拜，白白（bye-bye）”同音。

将此下联说与某兄，数友人议论勉强假装赞美一番，期待某兄讲出官方下联，他却忽道：实在想不起来了，但另有一上联，上海自来水来海上……我说您可别说了，我可不再上当了。

（2013年10月13日）

念　君

念君山水迢遥，

思君明月潇潇，

夜泊曼谷忆枫桥，

晚来渔火归锚。

别来几盏雪，

乡愁染芭蕉。

相逢恩重难报，

相知情深不表，

天涯缱绻共夕照，

归与云烟终老。

南国撷红豆，

心意最悄悄。

（2013年10月11日）

听　荷

话说夜来忽梦，遇一长者，室内幽暗，墙上隐约几幅字画，长者指其中一联考教，细审之，上联曰“绘锦绘锦绘锦绘锦”，下联：“听荷听荷听荷听荷”，细品其意，字画合一，字字神妙，半纸云烟，从未见过这等意境，正陶醉时，长者教之曰，此乃“织锦织锦织锦织锦，听云听云听云听云”。回味中不觉醒来，赶紧记上，怕再睡时给忘了。时26日凌晨4点半。

（2014年8月27日）

丰　　碑
——献给人民英雄纪念碑

涉过车水马龙你还是那样沉静，
挥去岁月尘烟你还是那样豪壮，
风云卷不动你的刚毅，
鲜花赞不尽你的辉煌。

泰山磅礴那是你的身影横刀跃马，
长江浩荡那是你的襟怀热血流芳，
黄河咆哮那是你的意志剑气嘶鸣，
长城巍峨那是你的功业举世无双。

南昌起义的烽火，

照耀你为国为民的理想。

雪山草地的足迹，

见证你坚韧不拔的脊梁。

五千年青史，

因你慷慨射日雄风激荡。

九万里神州，

因你奋发填海浩气满堂。

你是东方红印，

是亿万万英雄儿女英魂永铸。

你是天地肝胆，

是龙的传人纵横四海笑傲八荒。

（2017 年 12 月 2 日）

在全世界为你唱歌
——献给中国共产党诞生

（一）

我不擅长音乐，
但我想为你作曲唱歌，
歌里有烟涛浩淼旅顺港，
歌里有桨声灯影秦淮河，
歌里有狼牙山巅北风重，
有松花江水急漩涡，
有卢沟炮响惊明月，
有闸北烽火卷残荷，
有铁蹄踏碎贺兰雪，

有壮士擎天定风波。

在沧海横流时我想为你唱歌，
在艰难困苦时我想为你唱歌，
在枪林弹雨时我想为你唱歌，
在天崩地裂时我想为你唱歌。

我想为你唱歌，
唱百年前那簇圣火，唱百年后闪闪红星，
唱赤水河波光闪烁，唱娄山关树影斑驳，
唱卡宾枪敌不过红缨枪，唱坦克车败给小推车，
唱老百姓造出个共和国，唱真理放之四海颠扑不破。

我想为你唱歌，我想为你鼓掌为你唱歌，
但我唱不过唐宗宋祖成吉思汗，唱不过李大钊方志敏，
唱不过大禹荆轲唱不过亘古奔腾的黄河。

（二）

你一定知道我，
我曾千万次为你唱歌。
唱的是北大荒留住棒小伙，
唱的是骆驼草扎根罗布泊，

唱草原上升起太空飞船，

唱太阳能点亮日喀则。

唱自贸区彻夜灯火，

唱九段线巡海传说，

唱中国人的奥林匹克，

唱香港回归祖国。

唱的是风从你的面前走过，

你整了整行色昂起头还是那样的巍峨。

我想为你唱歌，我想为你鼓掌为你唱歌，

唱一百年弹指间，国际歌传遍巷陌，红领巾开遍祖国。

我想为你喝彩为你唱歌，

唱你山的怀抱海的气魄，唱你风也经过雨也经过，

唱你指引十三亿璀璨星座，唱你温暖十万光年浩瀚银河。

你一定知道我，

我曾看你主宰星移斗转纵横史册，

看你涉过阴晴圆缺岁月长河。

你一定知道我，

我曾跟你穿过陕甘宁的草鞋捞过湘鄂西的米粉摇过晋察冀的纺车，

跟你啃过窝窝头喝过白雪吃过青稞，

跟你翻过大山闯过大海跨过积贫积弱，

拿着百万万万的钱袋子听着十三亿人晚餐后的忧乐良多。

而你还是那样平静那样沉默，
太行秋色还是你的本色，
井冈翠竹还是你的性格。

你一定知道我，我在全世界为你唱歌，
我是大别山的天风浩荡，我是泸定桥的大雨滂沱，
我是你滚烫的心脏生生不息的火，
是你的热血流芳百代你的故园千秋家国。

你一定知道我为你唱歌，
我是念青唐古拉的白云，是北部湾的闪闪渔火，南湖的粼粼碧波，
我是余光中的乡愁，是流沙河的蟋蟀，是从唐朝飞来的白鹤，
我是圆明园的丝丝春雨，韶山深处的朵朵百合。

（2017年7月1日）